Prathibha Kumari

O fruto de Neolamarckia cadamba aos olhos de um cientista da vida

Prathibha Kumari

O fruto de Neolamarckia cadamba aos olhos de um cientista da vida

ScienciaScripts

Imprint
Any brand names and product names mentioned in this book are subject to trademark, brand or patent protection and are trademarks or registered trademarks of their respective holders. The use of brand names, product names, common names, trade names, product descriptions etc. even without a particular marking in this work is in no way to be construed to mean that such names may be regarded as unrestricted in respect of trademark and brand protection legislation and could thus be used by anyone.

Cover image: www.ingimage.com

This book is a translation from the original published under ISBN 978-620-2-07366-0.

Publisher:
Sciencia Scripts
is a trademark of
Dodo Books Indian Ocean Ltd. and OmniScriptum S.R.L publishing group

120 High Road, East Finchley, London, N2 9ED, United Kingdom
Str. Armeneasca 28/1, office 1, Chisinau MD-2012, Republic of Moldova, Europe
Printed at: see last page
ISBN: 978-620-7-85012-9

ÍNDICE

Introdução

Neolamarckia cadamba Roxb (Bosser)

É uma árvore ornamental de grande porte e de crescimento rápido que adora sombra e pertence à família Rubiaceae (Patel e Kumar, 2008). Encontra-se na maioria das florestas de folha caduca e de folha perene de tipo quente. É uma árvore sagrada da Índia e é a favorita do Senhor Krishna, sendo vulgarmente conhecida como "kadam" e representando frequentemente a sabedoria e o amor sublime. É um dos remédios ayurvédicos mencionados em muitas literaturas medicinais indianas. Os sinónimos da planta são *Nauclea cadamba, Samama cadamba, Anthocephalus morindifolius, Anthocephalus cadamba, Nauclea megaphylla* e *Neonauclea megaphylla*.

Nomes vernáculos/comuns: Kadam (Índia, francês); árvore de flor de broca comum (inglês); kaatoanbangkal (Filipinas); kalempajan, jabon (Indonésia); kalempayan (Malásia); thkoow (Camboja).

Taxonomia e nomenclatura

Reino : Plantae

Sub-reino : Traqueobiontes

Super divisão : Spermatophyta

Divisão : Magnoliophyta

Subclasse : Asterídeos

Encomenda : Rubiales

Família : Rubiáceas

Género : *Neolamarckia*

Espécies : *N. cadamba*

Distribuição e habitat

A área de distribuição natural da *N. cadamba* é a Índia, o Nepal, a Tailândia, a Indochina e a Malásia e é nativa do Sul e do Sudeste Asiático. Foi introduzida com sucesso em África e na América Central. É uma árvore pioneira típica e comum em florestas secundárias. Na área de distribuição natural, encontra-se abaixo dos 1000 m de altitude e normalmente onde há mais de 1500 mm de precipitação/ano, mas pode crescer em zonas secas com apenas 200 mm de precipitação/ano. É uma árvore exigente em termos de luz e intolerante à geada, cresce numa variedade de solos e tolera inundações periódicas. Cresce em grande escala e floresce na monção, com uma copa larga e um tronco cilíndrico reto. A árvore pode atingir uma altura de 45 m com diâmetros de tronco de 100-160 cm. É uma árvore de crescimento rápido que se espalha e cresce rapidamente nos primeiros 6-8 anos. As folhas são simples, longas e a floração começa geralmente quando a árvore tem 4-5 anos de idade.

O kadam é uma madeira de folhosas leve e pouco durável. É utilizada principalmente para a produção de papel de baixa e média qualidade. É uma árvore de crescimento rápido, adequada para reflorestação em bacias hidrográficas e áreas erodidas e para quebra-ventos em sistemas agro-florestais. É excelente como árvore de sombra para a plantação em linha de dipterocarp e as folhas, frutos e casca são utilizados na medicina. A copa tem a forma de um guarda-chuva e os ramos estão carateristicamente dispostos em camadas. As flores de *N. cadamba* são vermelhas a alaranjadas, ocorrendo em cabeças densas, semelhantes a globos. O fruto da *N. cadamba* apresenta-se em pequenas cápsulas carnudas, agrupadas de forma a formar uma inflorescência carnuda amarelo-alaranjada, contendo cerca de 8000 sementes. Quando amadurecem, os frutos dividem-se e libertam as sementes, que são depois dispersas pelo vento ou pela chuva (Richard *et al.*, 1976).

Utilizações farmacológicas de *N. cadamba*

A árvore é apreciada pela sua fragrância e as flores estão a ser utilizadas para fazer "attars", óleo de perfume a partir de pétalas de flores. Os frutos são pequenas bolas redondas, duras e amarelas quando maduras, com sabor doce e são comestíveis. As folhas são nutritivas, adstringentes e amargas; diz-se que a sua decocção é utilizada para gargarejos em apatias ou estomatites. A cadamba, importante do ponto de vista médico, é utilizada para o sangue, tosse, problemas uterinos, doenças urinárias, diarreia, disenteria e colite (Kirtikar e Basu, 1975). A medicina tradicional utiliza as infusões das folhas e da casca como elixir bucal. Na Índia, *a N. cadamba* é atualmente considerada uma árvore mais benéfica para o ambiente. A casca e as folhas da planta possuem várias utilizações médicas, tais como adstringente, anti-hepatotóxica (Kapil *et al.,* 1995), antidiurética, cicatrizante, anti-séptica (Anonymous, 1992) e atividade anti-helmíntica (Gunasekharan e Divyakant, 2006). A atividade antibacteriana da folha e da casca de *N. cadamba* foi relatada por Patel e Kumar (2008). A atividade diurética e laxante de vários extractos das cascas de *N. cadamba* foi estudada por Mondal *et al.* (2009). Os seus resultados revelaram que o extrato de metanol aumentou significativamente o débito urinário, bem como a concentração de electrólitos urinários em ratos albinos wistar. O sumo do fruto é utilizado para matar a sede excessiva durante a febre. O sumo do fruto aumenta a quantidade de leite materno em mães lactantes.

Bussa e Pinnapareddy (2010) estudaram a atividade antidiabética da casca do caule de *N. cadamba* em ratos diabéticos induzidos por aloxano. A administração oral de extrato etanólico exibiu uma atividade anti-hiperglicémica significativa em ratos diabéticos induzidos por aloxano. A casca de *N. cadamba* também foi referida pela sua atividade anti-helmíntica. O estudo foi realizado com vários extractos da casca de *N. cadamba* contra a minhoca indiana, *Pheritima posthuma.* Todos os extractos testados de *N. cadamba* (clorofórmio, metanol, éter de petróleo e aquoso) possuíam atividade anti-helmíntica de uma forma dependente da dose. Entre os extractos testados, verificou-se que o extrato de clorofórmio e o extrato de éter de petróleo possuíam uma atividade anti-helmíntica promissora em comparação com outros extractos (Mondal *et al.,* 2011).

Firoz *et al.* (2011) estudaram o extrato de folhas de *N. cadamba* na tolerância à glicose em ratos hiperglicémicos induzidos por glicose. Os resultados revelaram que o extrato metanólico da folha de *N. cadamba* teve um efeito benéfico na redução do nível elevado de glicose no sangue de ratos hiperglicémicos. A casca da planta também possui propriedades tónicas, amargas, pungentes, doces, acre, adstringentes, febrífugas, anti-inflamatórias, digestivas, carminativas, diuréticas, expectorantes, constipantes e antieméticas e é administrada para tratar a febre e a inflamação dos olhos. As flores são utilizadas como vegetais. As folhas são ligeiramente aromáticas com um sabor desagradável, mas a decocção das folhas é boa para úlceras, feridas e metorreia. Além disso, é útil no tratamento da mordedura de cobra e é frequentemente utilizada sob a forma de pó (nygrodhadikvatha churn), que é uma formulação à base de plantas (Dubey *et al.*, 2011).

Constituintes químicos de *N. cadamba*

A avaliação fitoquímica de *N. cadamba* revelou a presença de alcalóides indólicos, terpenóides, sapogeninas, saponinas, terpenos, esteróides, gorduras e açúcares redutores (Kirtikar e Basu, 1999; Prajapati *et al.*, 2007). A casca é constituída por taninos que se devem à presença de um ácido semelhante ao ácido cincho-tânico (Nandkarni, 2002). Um novo ácido triterpénico pentacíclico isolado da casca do caule de *N. cadamba* é o ácido cadambagénico e foi isolado juntamente com o ácido quinóvico e o 0-sitosterol (Sahu *et al.*, 1974). Alcalóides glicosidicindole; cadambina, 3a-dihidrocadambina, isodihidrocadambina (Brown *et al.*, 1974) e dois alcalóides não glicosídicos; cadamina e isocadamina foram isolados das folhas de *N. cadamba* (Richard *et al.*, 1976).

Uma nova saponina denominada saponina B ($C_{48}H_{76}O_{17}$) foi registada em *N. cadamba* (Banerji, 1977). Recentemente, alguns trabalhadores isolaram duas novas saponinas triterpenóides; phelasin A e phelasin B da casca de *N. cadamba* (Sahu *et al.*, 1999). Dois novos alcalóides indol monoterpenóides, tais como a aminocadambina A ($C_{24}H_{27}N_3O_5$) Oe a aminocadambina B ($C_{25}H_{29}N_3O_5$) Oforam obtidos a partir das folhas. As flores de *N. cadamba* produzem um óleo essencial e os principais constituintes dos óleos são linalol, geraniol, geranilacetato, acetato de linalilo, α-selineno, 2-nonanol, β-phellandrene, α-bergamottin, p-cymol, curcumeno, terpinoleno, canfeno e mirceno. As sementes de *N. cadamba* são compostas por polissacáridos solúveis em água como a D-xilose, a D-manose e a D-glucose (Chandra e Gupta, 1980).

Árvore de *N. cadamba*

Fruto de *N. cadamba*

Capítulo 1

Características físico-químicas dos frutos de *N. cadamba*

Recolha e preparação do extrato de plantas

Os frutos de *N. cadamba* foram colhidos no jardim botânico da Universidade de Kerala, Kariavattom (8° 37'36N, 76° 50'14E), Thiruvananthapuram. O material vegetal foi autenticado pelo Departamento de Botânica da Universidade de Kerala, Kariavattom, e o espécime foi conservado no mesmo departamento para referência posterior (número do espécime: KUBH 5811). Os frutos de *N. cadamba* foram lavados e secos à sombra à temperatura ambiente durante 2-3 dias. Os frutos secos foram moídos até se transformarem em pó com um moinho mecânico e o material em pó foi submetido a extração soxhlet durante cerca de 72 horas, utilizando água e metanol como solventes. O extrato aquoso e metanólico dos frutos de *N. cadamba* foi concentrado utilizando um evaporador de vácuo rotativo e o extrato resultante foi armazenado num recipiente hermético e conservado no frigorífico para utilização posterior.

Análise qualitativa dos frutos de *N. cadamba.*

Pequenas quantidades de extractos recentemente preparados de água, metanol, etanol, clorofórmio e éter de petróleo de frutos de *N. cadamba* foram submetidas a uma investigação fitoquímica preliminar para a deteção de fitoquímicos como flavonóides, saponinas, taninos, hidratos de carbono, cumarinas, quininas, glicosídeos, alcalóides, esteróides, terpenos, glicosídeos cardíacos, oxalato, vitamina C e fenóis utilizando métodos normalizados (Rajan e Christy, 2011; Ugochukwu *et al,* 2013).

1. Pesquisa de flavonóides

Teste de cloreto férrico: A solução de teste foi tratada com algumas gotas de solução de cloreto férrico e o resultado é a formação de uma cor vermelho-escura que indica a presença de flavonóides.

Teste do reagente alcalino: A solução de teste foi tratada com algumas gotas de solução de hidróxido de sódio a 20%, mostrou um aumento na intensidade da cor amarela que se tornou incolor com a adição de algumas gotas de HCl diluído, indicando a presença de flavonóides.

Ensaio com solução de acetato de chumbo: A solução de teste foi tratada com algumas gotas de solução de acetato de chumbo (10%), resultando na formação de um precipitado amarelo.

Teste de magnésio: 1 g de material vegetal foi extraído em 5 ml de álcool e tratado com algumas gotas de ácido clorídrico concentrado e magnésio. A presença de flavonóides foi indicada pelo aparecimento de cor-de-rosa ou vermelho magenta em 3 minutos (Somolenski *et al.,* 1972).

2. Teste para saponinas

Cerca de 0,5 g do material vegetal foi extraído com 5 ml de água destilada e aquecido até à ebulição. O extrato foi agitado vigorosamente após arrefecimento do extrato e deixado em repouso durante 20 minutos. A altura da espuma foi medida para determinar o teor de saponina da amostra e as saponinas foram classificadas de acordo com a formação de espuma (sem espuma = ausência de saponina, espuma inferior a 1 cm = fracamente positiva, espuma 1,2 cm = positiva e espuma superior a 2 cm = fortemente positiva) (Kapoor *et al.,* 1969; Mojab *et al.,* 2003).

3. Pesquisa de taninos

Teste de gelatina: A solução de teste, quando tratada com solução de gelatina, produziu um precipitado branco que indica a presença de taninos.

Teste de cloreto férrico: Cerca de 1gm do material vegetal em pó foi misturado com água e aquecido num banho de água. A mistura foi filtrada e algumas gotas de solução de cloreto férrico a 5% foram adicionadas ao filtrado e o resultado foi uma cor azul-preta, verde ou azul-esverdeada caraterística, que indicou a presença de taninos (Trease e Evans, 2002).

Teste de Braymer: 2 ml do extrato foram tratados com 10% de solução alcoólica de cloreto férrico e observou-se a formação de cor azul ou esverdeada.

4. Teste de hidratos de carbono

Teste de Benedict: A solução de teste foi misturada com algumas gotas de reagente de Benedict (solução alcalina contendo complexo de citrato cúprico) e fervida em banho-maria, observando-se a formação de um precipitado castanho-avermelhado para mostrar um resultado positivo para a presença de hidratos de carbono, *ou seja,* açúcares redutores.

Teste de iodo: Adicionar algumas gotas de solução de iodo a 1 ml de solução de teste. O aparecimento de uma cor azul escura ou castanha escura é a indicação da presença de polissacáridos (glicogénio).

5. Pesquisa de cumarinas

Colocou-se 0,5 g do extrato vegetal em metanol num tubo de ensaio e cobriu-se a boca do tubo de ensaio com papel de filtro tratado com uma solução de NaOH 1N. O tubo de ensaio foi colocado durante alguns minutos em água a ferver e, em seguida, o papel de filtro foi retirado e examinado à luz UV. A fluorescência amarela indicou a presença de cumarinas (Khan *et al.,* 2011).

6. Pesquisa de quininos

Aqueceu-se um pouco do extrato da planta com ácido sulfúrico concentrado. A presença de cor vermelha indica a presença de quininas.

7. Pesquisa de glicosídeos

Num tubo de ensaio, adicionaram-se 2 ml de ácido sulfúrico concentrado a 5 ml do extrato, ferveu-se durante 15 minutos, arrefeceu-se e neutralizou-se com hidróxido de sódio a 10%, adicionando-se em seguida 5 ml de Fehling A e B. Desenvolveu-se um precipitado vermelho-tijolo de açúcar redutor.

8. Pesquisa de alcalóides

Teste de Dragendorff: Uma porção do extrato foi agitada com 5 ml de HCl aquoso a 1% em banho-maria e filtrada. Do filtrado, 1 ml foi retirado para um tubo de ensaio e adicionaram-se algumas gotas do reagente de Dragendorff. A ocorrência de um precipitado vermelho alaranjado foi considerada como uma indicação positiva da presença de alcalóides (Sofowora, 1993). O reagente de Dragendorff foi preparado misturando a solução A com a solução B. A solução A consiste em nitrato de bismuto e ácido tartárico e a solução B consiste em iodeto de potássio dissolvido em água destilada.

Teste de Wagner: Uma fração do extrato foi tratada com algumas gotas do reagente de Wagner e observou-se a formação de um precipitado ou coloração castanho-avermelhada.

Teste de Hager: A solução foi tratada com algumas gotas do reagente de Hager. A formação de um precipitado amarelo revelou um resultado positivo para a presença de alcalóides.

9. Teste para esteróides

Reagentes recentemente preparados de ácido acético e ácido sulfúrico na proporção de 1:1 foram adicionados ao extrato de clorofórmio do material vegetal. A cor desenvolvida de violeta para verde azulado indicou a presença de um anel esteroidal (Sofowora, 1993) no extrato.

10. Teste para terpenóides

Teste de Salkowki: Adicionou-se 1 ml de clorofórmio a 2 ml de cada extrato, seguido de algumas gotas de ácido sulfúrico concentrado. Um precipitado castanho-avermelhado produzido imediatamente indicou a presença de terpenóides.

11. Pesquisa de glicosídeos cardíacos

Teste de Keller kelliani: 5 ml de cada extrato metanólico de planta foram misturados com 2 ml de ácido acético glacial contendo uma gota de solução de cloreto férrico, seguido da adição de 1 ml de ácido sulfúrico concentrado. A formação de um anel castanho na interface indicou a presença de glicosídeos cardíacos (Khan *et al.*, 2011).

Teste com água de bromo: A solução de teste foi dissolvida em água de bromo e observada quanto à formação de um precipitado amarelo para mostrar um teste positivo para glicosídeos.

12. Teste para fenóis

Teste de cloreto férrico: 2ml do extrato foram colocados em água e aquecidos a 45-

50°C. Em seguida, foram adicionados 2 ml de FeCl₃ a 3%. A formação de uma cor
azul profunda ou preta indica a presença de fenóis (Solihah *et al.*, 2012) no extrato.

13. Pesquisa de flobataninos

Teste de precipitação: O extrato foi dissolvido em água destilada, filtrado e o filtrado
foi fervido com uma solução de ácido clorídrico a 2%. O precipitado vermelho revelou
a presença de flobataninos.

14. Pesquisa de antraquinonas

Cerca de 0,5 g do extrato foi fervido com HCl a 10% durante alguns minutos em banho-
maria. Filtrou-se e deixou-se arrefecer. Adicionou-se um volume igual de clorofórmio
ao filtrado. Adicionaram-se algumas gotas de amoníaco a 10% ao misturador e
aqueceu-se. A formação de uma coloração rosa-rosada indica a presença de
antraquinonas.

15. Pesquisa de oxalato

A 3 ml de extrato foram adicionadas algumas gotas de ácido etanoico glacial. A
coloração preta esverdeada indicou a presença de oxalato.

16. Teste de proteínas

Teste de Biureto: A solução de teste foi tratada com NaOH a 10% c algumas gotas de
solução de sulfato de cobre a 0,1% e observou-se a formação de cor violeta ou cor-de-
rosa.

17. Teste de aminoácidos livres

Teste da ninidrina: A solução de ensaio foi fervida com uma solução de ninidrina e o
resultado foi a formação de uma cor púrpura que sugere a presença de aminoácidos
livres.

18. Pesquisa de vitamina C

Ensaio com DNPH: A solução de ensaio foi tratada com dinitrofenil hidrazina
(DNPH) dissolvida em ácido sulfúrico concentrado. A formação de um precipitado
amarelo sugere a presença de vitamina C.

Perda por secagem

O ensaio de perda por secagem determina a perda de massa e é expresso em percentagem. Calcula a quantidade de óleo volátil e de água que é expulsa em condições específicas numa estufa de ar quente. Colocam-se 2 g de frutos em pó, pesados com exatidão, num prato de porcelana tarado. Distribui-se uniformemente o medicamento em pó e mantém-se a cápsula com o medicamento numa estufa de ar quente a 100-105°C até se obter um peso constante. Em seguida, arrefece-se a cápsula com o medicamento à temperatura ambiente e regista-se o peso. A diferença entre os pesos inicial e final foi utilizada para avaliar a percentagem de perda por secagem (Bele e Khale, 2011).

$$\text{Loss on drying (\%)} = \frac{\text{loss in weight of the sample}}{\text{weight of the sample}} \times 100$$

Determinação dos valores de cinzas

Os valores de cinzas são importantes para determinar a pureza e a qualidade dos medicamentos em bruto.

Determinação do valor total das cinzas

Inclui tanto as cinzas fisiológicas (derivadas do próprio tecido da planta) como as cinzas não fisiológicas (resíduo da matéria estranha) e é a quantidade de material remanescente após a secagem. Cerca de 3 g de droga em pó seca ao ar, pesada com exatidão, foi colocada num cadinho de sílica tarado e aquecida suavemente num bico de Bunsen, aumentando gradualmente a temperatura até ficar vermelha (400 °C), até a droga ficar isenta de carbono. As cinzas inorgânicas são brancas. A cinza foi arrefecida, pesada e registada. O aquecimento foi continuado até se obter um peso constante. A percentagem de cinzas totais foi calculada com o peso do medicamento seco ao ar.

$$\text{Total ash value (\%)} = \frac{\text{weight of residual ash}}{\text{weight of the drug taken}} \times 100$$

Determinação das cinzas insolúveis em ácido

A cinza total foi utilizada para a determinação da cinza insolúvel em ácido. A cinza total foi fervida com 25 ml de KCl 2N durante 5 minutos e filtrada através de um papel de filtro sem cinzas. A lavagem foi repetida várias vezes com água quente. O papel de filtro e o seu conteúdo foram secos numa estufa a 105 °C e transferidos para um cadinho limpo tarado. Aquecer suavemente o cadinho com o seu conteúdo sobre uma chama de um bico de Bunsen até o papel de filtro ficar completamente reduzido a cinzas. Arrefecer e registar o peso final. O peso das cinzas insolúveis em ácido foi calculado do seguinte modo

$$\text{Acid insoluble ash (\%)} = \frac{\text{weight of residual ash}}{\text{weight of original ash}} \times 100$$

Valores de extração

A determinação dos valores extractivos dá uma ideia sobre a natureza dos constituintes químicos presentes na droga em bruto.

Valor extrativo solúvel em água

Pesou-se com exatidão 5 g de frutos em pó para um erlenmeyer com rolha. Adicionar 100 ml de água com clorofórmio e agitar constantemente durante 6 horas utilizando um agitador elétrico e deixar repousar durante 18 horas. O extrato foi filtrado rapidamente, evaporado até à secura e pesado. A percentagem foi calculada com referência à droga seca ao ar (Anónimo, 1996; Khandelwal, 2007).

$$\text{Water soluble extractive value (\%)} = \frac{\text{weight of extract}}{\text{weight of drug}} \times 100$$

Valor extrativo solúvel em álcool

Pesaram-se cerca de 5 g de frutos em pó para um frasco cónico, adicionaram-se 100 ml de álcool a 90% e agitou-se constantemente durante 6 horas num agitador mecânico, mantendo-se o extrato durante a noite. O extrato foi filtrado cuidadosamente e o filtro foi evaporado até à secura e o peso do extrato foi tomado e calculada a percentagem.

$$\text{Alcohol soluble extractive value (\%)} = \frac{\text{weight of extract}}{\text{weight of drug}} \times 100$$

RESULTADOS

O fruto em pó de *N. cadamba* foi submetido ao rastreio fitoquímico e a testes físico-químicos. Os resultados do teste de rastreio fitoquímico são apresentados no Quadro

1. Os testes de rastreio fitoquímico preliminares revelaram a presença e a ausência de vários constituintes fitoquímicos no extrato do fruto. O rastreio fitoquímico foi efectuado utilizando diferentes solventes polares de extractos de frutos em aquoso, metanol, etanol, clorofórmio e éter de petróleo. Os extractos aquoso e metanólico apresentaram resultados positivos para os flavonóides. Foi registada a presença de saponina no extrato aquoso do fruto. Tanto o extrato aquoso como o metanólico revelaram a presença de taninos. A presença de hidratos de carbono foi observada nos extractos aquoso, metanólico e clorofórmico. Os extractos de frutos em metanol e etanol revelaram a presença de cumarinas. Os alcalóides apresentaram resultados positivos nos extractos aquosos, metanólicos, etanólicos, clorofórmicos e de éter de petróleo. O extrato etanólico do fruto de *N. cadamba* apresentou resultados positivos para esteróides, enquanto que o extrato aquoso, metanólico, clorofórmico, etanólico e de éter de petróleo continha triterpenóides. Os três extractos diferentes do fruto, aquoso, metanol e etanol, registaram os glicosídeos cardíacos fitoquímicos. O metanol e o extrato aquoso contêm fenol como fitoconstituintes. A babatanina estava presente apenas no extrato aquoso do fruto.

Os aminoácidos, as proteínas, o oxalato, as antraquininas e as quininas estavam ausentes em todos os tipos de extractos de frutos.

Os resultados do rastreio fitoquímico revelaram que o extrato aquoso continha fitoquímicos como flavonóides, saponinas, taninos, hidratos de carbono, alcalóides, terpenóides, fenol e plobatanina, ao passo que, no extrato de metanol, os fitoconstituintes comunicados são flavonóides, taninos, hidratos de carbono, cumarina, alcalóides, terpenóides, glicosídeos cardíacos e fenóis. No entanto, a cumarina, os alcalóides, os esteróides, os terpenóides e os glicosídeos cardíacos estão presentes no extrato de etanol do fruto. Mas os taninos, hidratos de carbono, alcalóides e terpenóides apresentaram resultados positivos no extrato de clorofórmio, enquanto o extrato de éter de petróleo do fruto revelou a presença de alcalóides, terpenóides e vitamina C. Os resultados do teste de rastreio fitoquímico revelaram que a maioria dos constituintes fitoquímicos foi observada no extrato aquoso e metanólico do fruto de *N. cadamba*.

Quadro 1. Rastreio fitoquímico dos frutos de *N. cadamba*

N.º de Sl.	Fitoquímicos	Testes de rastreio	Sistemas de solventes				
			AE	ME	EE	CE	PEE
1	Flavonóides	Cloreto férrico teste	-	+	-	-	-
		Teste do reagente alcalino	+	+	-	-	-
		Ensaio com acetato de chumbo	-	+	+	-	-
2	Saponinas	Ensaio de espuma	+	-	-	-	-
3	Taninos	Ensaio com gelatina	+	+	-	-	-
		Cloreto férrico teste	-	+	-	-	-
		Teste de Braymer	+	+	-	+	-
4	Hidratos de carbono	O teste de Bento	+	+	-	+	-
		Teste de iodo	+	+	-	-	-
5	Cumarinas		-	+	+	-	-
6	Quininos		-	-	-	-	-
7	Glicosídeos	Teste de Fehlings	-	-	-	-	-
8	Alcalóides	Teste do reagente de Dragendorff	+	+	-	-	-
		Teste de Wagner	+	+	+	+	+
		Teste Hagers	+	+	-	-	-
9	Esteróides		-	-	+	-	-
10	Terpenóides	Teste de Salkowki	+	+	+	+	+
11	Glicosídeos cardíacos	Teste de Keller killiani	+	+	+	-	-
		Água com bromo teste					

12	Fenol	Cloreto férrico teste	+	+	-	-	-
13	Flobataninos	Ensaio de precipitação	+	-	-	-	-
14	Antraquinonas		-	-	-	-	-
15	Oxalato		-	-	-	-	-
16	Proteína	Teste do biureto	-	-	-	-	-
17	Aminoácidos	Ensaio com ninidrina	-	-	-	-	-
18	Vitamina C	Ensaio com DNPH	-	-	-	-	+

+ = Presença, - = Ausência, AE = Extrato aquoso, ME = Extrato metanólico, EE = Extrato etanólico, CE = Extrato clorofórmico, PEE = Extrato de éter de petróleo.

Os parâmetros físico-químicos dos extractos de frutos são apresentados no Quadro 2. O valor de cinzas totais e o valor de cinzas insolúveis em ácido registados são 3,208% e 0,939%. O valor total de cinzas representa a quantidade de substância residual não volatilizada após a ignição do medicamento em bruto a 450°C. As cinzas são geradas pelo tecido vegetal, bem como pelas matérias estranhas aderidas ao medicamento. A perda por secagem a 105°C foi de 19,15%. Os valores extractivos, como o valor extrativo solúvel em água e o valor extrativo solúvel em álcool, também foram determinados. Os valores extractivos solúveis em água obtidos do fruto de *N. cadamba* são 16,06% e o valor de cinzas solúveis em álcool observado é 9,21%. O rendimento do extrato aquoso do fruto foi de 36,25%.

Tabela 2. Características físico-químicas dos frutos de *N. cadamba*

Sl. Não	Componentes	% de valor
1	Cinzas totais	3.208%
2	Cinzas insolúveis em ácido	0.93%
3	Valor extrativo solúvel em álcool	9.21%
4	Valor extrativo solúvel em água	16.06%
5	Perda por secagem a 105°C	19.15%
6	Rendimento (extrato aquoso)	36.25%
7	Rendimento (extrato em metanol)	20.26%

| 8 | Óleo volátil | Nulo |

DISCUSSÃO

Foram utilizados diferentes tipos de valores de cinzas na deteção do fármaco em bruto, como as cinzas totais e as cinzas insolúveis em ácido. A determinação do valor das cinzas é útil para detetar produtos de baixa qualidade, medicamentos esgotados, identificar a composição inorgânica e o material terroso e outras impurezas presentes no material do fruto (Shah e Seth, 2010). As cinzas contêm radicais inorgânicos como o fosfato, o carbonato e o silicato de sódio, potássio, magnésio e cálcio e variáveis inorgânicas como o oxalato de cálcio, a sílica e o teor de carbonato do medicamento em bruto afectam o valor total das cinzas (Joseph *et al.*, 2011). O valor das cinzas é geralmente útil para avaliar a pureza do fármaco e os valores são importantes padrões quantitativos (Kokate *et al.*, 2006). O valor de cinzas insolúveis em ácido (0,93%) da fruta mostrou que uma quantidade muito pequena de composto inorgânico é insolúvel em ácido (Ajazuddin e Saraf, 2010).

A perda na secagem a 105°C é a medida do teor de humidade do material vegetal. O teor de humidade analisado da fruta é de 19,15%. O tempo de deterioração do material vegetal foi determinado pela quantidade de água no material vegetal (Meena *et al.*, 2010). O elevado teor de humidade do material vegetal aumenta o crescimento de colónias de bactérias, fungos e leveduras e uma menor quantidade de humidade impede o crescimento destas colónias (Farmacopeia Africana, 1986; Mulla e Swamy, 2010). Verificou-se que o rendimento percentual era elevado (36,25%) no extrato aquoso de frutos quando comparado com o extrato de metanol e o rendimento do material vegetal variava de acordo com o solvente de extração (Tarachand *et al*, 2012). Os dados revelaram que a maioria dos fitoconstituintes foram facilmente dissolvidos e extraídos no extrato aquoso do que no extrato de metanol.

A determinação dos valores extractivos indica a quantidade de constituintes numa determinada quantidade de material vegetal medicinal extraído com solventes. Os valores de extração fornecem a indicação da natureza dos compostos presentes no material vegetal medicinal e se os compostos são polares, médios ou não polares

(Trivedi, 2006). O extrato obtido por esgotamento da droga em bruto com diferentes solventes é uma medida adequada dos seus constituintes. São utilizados vários solventes para o processo de extração em função do tipo de constituintes a analisar. Os valores extractivos solúveis em água são principalmente úteis como indicadores de açúcar polar, ácidos e compostos inorgânicos. O valor mais elevado de extrato solúvel em água (16,06%) do fruto pode dever-se à presença destes compostos quando comparado com os valores de extrato em álcool. Os valores de extrato solúvel em álcool indicaram a presença de fenóis, esteróides, glicosídeos, flavonóides e alcalóides (Meena *et al.*, 2010). A presença destes metabolitos secundários é a razão do valor extrativo solúvel em álcool de 9,21% do material vegetal. Os resultados dos valores extractivos indicaram que a maioria dos constituintes é solúvel em água do que em álcool.

Os fitoquímicos são considerados metabolitos secundários bioactivos e são sintetizados em todas as partes da planta; raiz, caule, casca, folhas, flores, frutos, sementes, etc., mas a quantidade de fitoquímicos presentes numa parte varia de outra parte (Tiwari *et al.*, 2011). O êxito do rastreio dos fitoquímicos depende do tipo e do número de solventes utilizados no processo de extração (Ugochukwu *et al*, 2013). Dos dezoito fitoquímicos analisados, doze estão presentes em vários solventes. Os resultados relataram que o fruto possui fitoconstituintes, flavonóides, saponinas, taninos, hidratos de carbono, cumarinas, alcalóides, esteróides, terpenóides, glicosídeos cardíacos, fenóis, flobataninos e vitamina C. A maioria destes metabolitos secundários tem atividade curativa contra muitos problemas clínicos em seres humanos, como diuréticos, espasmódicos, diarreia, disenteria e distúrbios menstruais (Hentschel *et al*, 1995; Brinkhaus *et al.*, 2005; Nisar *et al.*, 2011).

Os resultados indicaram que os frutos de N. *cadamba* possuem diversos fitoquímicos e a presença destes fitoquímicos pode ser responsável pela propriedade terapêutica dos frutos de *N. cadamba*. Foi relatado que os alcalóides têm uma função protetora nos animais e que os taninos têm atividade antimicrobiana e inibem o ataque de organismos patogénicos. A ocorrência de compostos fenólicos e flavonóides está relacionada com a atividade antioxidante, antimicrobiana e de eliminação de radicais livres. Também se sabe que têm propriedades anti-inflamatórias e anticancerígenas (Lalitha *et al.*, 2012). Estudos anteriores indicam que os flavonóides e as saponinas têm actividades diuréticas (Jagannath *et al.*, 2012). Os flavonóides são geralmente utilizados como um marcador químico do potencial terapêutico (Pattewar, 2012). A presença de flavonóides e taninos no extrato do fruto pode contribuir para uma propriedade antioxidante potente do extrato do fruto de *N. cadamba*. Os flavonóides reduzem a excreção de cálcio e oxalato, reduzindo assim a deposição de cristais nos rins. Os polifenóis e os flavonóides reduzem a deposição de cristais de oxalato de cálcio e reduzem o stress oxidativo induzido pela hiperoxalúria. A propriedade de eliminação de radicais antioxidantes dos flavonóides contribui para a propriedade antinefrolítica dos extractos de plantas (Grases *et al.*, 1993; Ali *et al.*, 2001; Mayee e Thosar, 2011). O fitoquímico saponina previne a adesão de cristais às células epiteliais renais (Sailaja *et al*, 2011). Outros fitoquímicos presentes no fruto de *N. cadamba* também são relatados com propriedades medicinais. A propriedade hipotensora e cardio-depressora é atribuída às saponinas e os glicosídeos fitoquímicos são utilizados para o tratamento de insuficiência cardíaca congestiva e arritmia cardíaca (Brian *et al.*, 1985; Clark *et al.*, 1997).

Capítulo 2A

Análise por espetrometria de massa com plasma indutivamente acoplado (ICP-MS) de frutos de *N. cadamba*

A análise de tecidos vegetais é um instrumento inevitável para fins científicos e comerciais, para avaliar o estado nutricional do material vegetal. Atualmente, a análise de plantas é realizada por espetrometria ICP, ou seja, os méritos da técnica são a sua precisão e as medições rápidas de perfis multielementos na amostra com um único teste e são combinados com métodos adequados de preparação e digestão de tecidos (Hansen *et al.*, 2013). Cada elemento testado é quantificado em relação aos padrões correspondentes e tudo isto torna a análise ICP-MS vantajosa em relação a outras técnicas de espetroscopia de emissão ótica com plasma indutivamente acoplado (ICP-OES), absorção atómica com chama (FAA) e absorção atómica em forno de grafite (GFAA). A ICP-MS mede a maioria dos elementos da tabela periódica e determina a concentração do analito mesmo nos níveis de ppt (Ponnambalam e Sellappan, 2014).

Para a preparação das amostras, todos os reagentes utilizados para a análise ICP-MS eram de grau suprapur (Merck, EUA) e foi utilizada água de alta pureza do sistema de purificação de água Milli-Q (Thermo Scientific, Barnstead, Smart 2 pure) para a diluição e preparação da amostra. Todos os utensílios de vidro e de plástico foram cuidadosamente limpos com ácido e depois enxaguados com água Milli-Q antes de serem utilizados. Para a digestão por micro-ondas (Anton Paar, Multiwave 3000), 0,1 g de tecido renal em pó seco foi misturado com 69% HNO_3 (7 ml) e 30% H_2O_2 (1 ml) e o recipiente foi imediatamente fechado para evitar a contaminação. As amostras foram mantidas durante 25 minutos, tempo de rampa zero a 350 watts e depois mantidas durante 30 minutos, 5 rampas a 500 watts. Após arrefecimento, os recipientes foram abertos e as amostras foram diluídas a 100 ml com água Milli Q. Os recipientes foram fechados e agitados cuidadosamente para completar a dissolução. Os pormenores do instrumento são apresentados a seguir.

Velocidade da bomba peristáltica - 40 rpm

Caudal frio - 14,00 L/min

Temperatura do tempo de pulverização - 2,7°C

Profundidade de amostragem - 5

Potência do plasma - 1550 watts

Caudal auxiliar - 0,80 L/min

Caudal do nebulizador - 0,97

N.º de percursos principais - 3

RESULTADOS

A análise elementar dos frutos de *N. cadamba* revelou a presença de vários elementos como Mg, Al, Cr, Mn, Fe, Co, Cu, Zn, Cd, Pb e Se. As concentrações elementares são apresentadas na Tabela 2A.3. A concentração de magnésio (Mg) nos frutos de *N. cadamba* é de 1356,24ppm. O limite admissível estabelecido pela OMS para Mg em plantas medicinais é de 2000ppm. O nosso resultado indica que a concentração de Mg do material vegetal está dentro do limite permitido. A concentração de 540,5ppm é o nível de Alumínio (Al) observado no material vegetal e o limite permitido para este elemento ainda não foi estabelecido. A concentração de manganês (Mn) registada no fruto é de 73,09 ppm e também está dentro do limite admissível da OMS de 200 ppm para o Mn. O teor de ferro (Fe) no fruto é de 344,88ppm. O limite máximo estabelecido pela OMS para o Fe é de 200ppm, pelo que, no presente estudo, o material vegetal apresentou uma maior concentração de Fe. A OMS não revelou qualquer limite admissível de Cobalto (Co) para plantas medicinais e a concentração de Co observada no fruto é de 0,63ppm. A concentração de cobre (Cu) obtida a partir do material vegetal é de 26,19 ppm. A OMS desenvolveu um limite admissível de Cu em plantas comestíveis de 3 ppm e para a planta medicinal ainda não foi estabelecido. A quantidade de concentração de Zinco (Zn) no fruto é de 25,29ppm e a OMS estabeleceu o limite permissível apenas para as plantas comestíveis, que é de 27,4ppm. 9,52ppm foi registado como o nível de Crómio (Cr) no fruto. O limite permitido pela OMS para o Cr nas plantas medicinais ainda não foi estabelecido, mas para as plantas comestíveis é de 2ppm. A concentração de selénio (Se) não foi detectada pela análise ICP-MS e os valores para os elementos cádmio (Cd) e chumbo (Pb) são 0,45ppm e 5,2ppm, respetivamente. Para as ervas medicinais, o limite admissível estabelecido pela OMS para o Cd é de 0,3 ppm. O teor de Pb na planta comestível foi de 0,43 e para as ervas medicinais foi de 10ppm, conforme estabelecido pela OMS. O teor de Pb na amostra de plantas está dentro do limite permitido.

Tabela: 2A.3. Concentração elementar em frutos de *N. cadamba*

Elementos	Concentração (ppm)
Magnésio (Mg)	1356.24
Alumínio (Al)	540.5
Crómio (Cr)	9.52
Manganês (Mn)	73.09
Ferro (Fe)	344.88
Cobalto (Co)	0.63
Cobre (Cu)	26.19
Zinco (Zn)	25.29
Cádmio (Cd)	0.45
Chumbo (Pb)	5.2
Selénio (Se)	Não detectado

DISCUSSÃO

Os metais de transição têm um papel fundamental na medicina e a concentração de elementos nas plantas varia consoante a textura do solo, o fator climático e a idade da planta. As plantas medicinais são ricas em elementos e estão na origem do tratamento de várias doenças e da sobrevivência de formas de vida, quer isoladamente quer em combinação com outros elementos (Reddy *et al.*, 2006; Pednekar e Raman, 2013). Os elementos essenciais e não essenciais presentes nas plantas medicinais em concentrações elevadas para além do seu limite admissível são tóxicos e constituem uma grande preocupação para a segurança do público, mas o limite máximo admissível da OMS para estes elementos tóxicos ainda não foi estabelecido (Khan *et al.*, 2008). Fe, Cr, Co, Zn, Mn e Cu são considerados metais essenciais e têm um papel biológico nos organismos. No entanto, Hg, Pb e Cd são metais não essenciais e, mesmo nos seus níveis vestigiais, são considerados potenciais contaminantes do ambiente (Maobe *et al.*, 2012).

A partir do presente estudo, observa-se que o fruto de *N. cadamba* possui uma concentração de Cr para além do limite permitido para as plantas comestíveis. A exposição crónica ao Cr provoca danos nos rins e no fígado. A sua deficiência é caracterizada por perturbações no metabolismo da glucose e das proteínas. O Mg foi registado com um valor dentro do limite admissível estabelecido pela OMS e é essencial para as doenças circulatórias e para o metabolismo do cálcio. A sua deficiência está correlacionada com a função prejudicada de muitas enzimas (Maobe *et al.*, 2012). O Fe na erva é essencial para a produção de hemoglobina e tem um papel na transferência de electrões no corpo humano e a OMS ainda não estabeleceu um limite admissível para o Fe. A concentração de Zn no material vegetal está dentro do limite permitido de 27,4ppm e está envolvida no processo de síntese de ADN, formação óssea, etc. O nível de Cu na amostra de plantas é de 26,19ppm, necessário para o funcionamento da enzima superóxido dismutase, citocromo oxidase, etc. O Co actua como metaloenzima na vitamina B12 e tem um papel importante na síntese de hemoglobina e ADN (Gupta e Gupta, 2013; Omokehide *et al.*, 2013). O Mn, um elemento essencial importante envolvido no metabolismo da gordura e dos hidratos de carbono. O teor de Mn da planta no estudo foi considerado superior ao limite. A deficiência de Mn causa a interrupção do fornecimento de sangue ao coração, distúrbios de imunodeficiência, etc. Pb e Cd são oligoelementos não essenciais que causam vários efeitos tóxicos, mesmo em concentrações baixas. Os efeitos benéficos dos elementos não foram revelados nos seres humanos, tendo sido registados os efeitos nocivos de danos cerebrais, anemia e nefrite dos rins. O material vegetal apresentou um valor de Pb abaixo do limite admissível (Mtunzi *et al.*, 2012; Raouf *et al.*, 2014).

Os exames físico-químicos e fitoquímicos do material vegetal são utilizados como ferramentas de diagnóstico para a normalização e avaliação do material vegetal. No presente estudo, foram registadas grandes quantidades de metabolitos secundários bioactivos e diversos elementos dos extractos de frutos de *N. cadamba* em vários solventes, o que reforça a propriedade terapêutica da planta.

Capítulo 2B

Análise HPTLC

Os principais componentes fitoquímicos presentes no extrato do fruto de *N. cadamba* foram analisados por impressão digital utilizando o método cromatográfico de camada fina de alto desempenho (HPTLC). A cromatografia em camada fina de alto desempenho (HPTLC) é uma forma alargada automatizada e sofisticada de cromatografia em camada fina (TLC) e é descrita como o mais rápido de todos os métodos cromatográficos (Devi *et al.*, 2013). A HPTLC fornece impressões digitais cromatográficas fiáveis de componentes farmacologicamente activos e quimicamente característicos de medicamentos à base de plantas. A identificação e a autenticação de medicamentos à base de plantas podem ser efectuadas com precisão utilizando as impressões digitais cromatográficas (Chothani *et al.*, 2012). A impressão digital fornece informações químicas sobre os medicamentos a partir de cromatogramas e outras informações obtidas por técnicas analíticas. A padronização correcta do material vegetal é uma necessidade urgente. Um vasto leque de farmacopeias apenas apresenta as características físico-químicas de muitos materiais vegetais medicinais, pelo que a identificação e a classificação dos fitoconstituintes podem ajudar na normalização (Hariprasad e Ramakrishnan, 2012). A OMS (1998) introduziu e enfatizou a padronização de produtos vegetais através da utilização de cromatografia e é aceite como uma ferramenta eficaz para a identificação e avaliação de medicamentos vegetais.

A HPTLC é um instrumento importante para a normalização de medicamentos à base de plantas e para o controlo da qualidade das matérias-primas utilizadas na preparação de medicamentos, bem como para a garantia da qualidade da formulação preparada de medicamentos. Atualmente, a validação de medicamentos à base de plantas e o desenvolvimento de novos métodos são campos de estudo interessantes e a HPTLC é extremamente útil para a avaliação qualitativa e quantitativa de medicamentos à base de plantas. A HPTLC tem muitas vantagens sobre a HPLC e é frequentemente utilizada como alternativa ou complemento da HPLC. A HPTLC desenvolve um cromatograma visível de toda a amostra manchada. Podem ser observadas várias amostras em simultâneo e comparar as amostras de teste com as de referência. A comparação de imagens fornece uma imagem clara das semelhanças e diferenças do composto da amostra. Para além disso, os picos são avaliados utilizando imagens produzidas pelo scanner TLC do instrumento para medir a absorção e a fluorescência da amostra na placa. A HPTLC tem uma vasta aplicação no controlo da qualidade, na verificação da pureza, na investigação forense, na presença de drogas e seus adulterantes em meios biológicos. A HPTLC é uma ferramenta ideal para a adulteração e é altamente adequada para o processo de extração e para testar a estabilidade (Bimal e Sekhon, 2013).

As vantagens da HPTLC são as seguintes (Andola e Purohit, 2010)

• A amostra e os padrões são processados simultaneamente e têm uma melhor precisão analítica.

• Mais de um analista trabalha em simultâneo.

• O tempo de análise é muito curto e económico.

• O processo de preparação da amostra é muito simples.

• O consumo de fase móvel por amostra é muito baixo.

• Para cada análise é utilizada uma nova fase estacionária e móvel, pelo que a contaminação de análises anteriores é nula.

• É possível um sistema aberto de deteção visual.

O método de análise HPTLC foi escolhido para as características de impressão digital de formulações homeopáticas por Shanbhag e Jayaraman (2008). A normalização e a utilidade da extração de canabinóides, do rastreio e da deteção por HPTLC nas amostras de urina de consumidores abusivos de *canábis* foram estudadas por Sharma *et al.* (2010a). Gauhar *et al.* (2009) desenvolveram e validaram um método simples, eficiente, reprodutível e económico de cromatografia líquida de alta resolução de fase reversa (RP-HPLC) para a determinação quantitativa de pefloxacina em material a granel, comprimidos e plasma humano. A impressão digital HPTLC foi realizada em

Crataeva tapia Linn por Patil *et al.* (2010) para identificar o marcador para o extrato metanólico. Andola e Purohit (2010) descreveram várias características de HPTLC e a diferença entre HPTLC e TLC. Analisaram as várias etapas envolvidas nas técnicas de impressão digital HPTLC, tais como a seleção da camada cromatográfica, a preparação da amostra e do padrão, a ativação de placas pré-revestidas, a aplicação da amostra e dos padrões, a seleção da fase móvel, a saturação da câmara, o desenvolvimento cromatográfico e a secagem, a deteção e a visualização, a quantificação e a documentação.

Um método HPTLC simples e exato foi desenvolvido por Shanbhag e Khandagale (2011) para a quantificação da reserpina e a impressão digital da tintura-mãe interna. Kamboj e Saluja (2011) relataram o perfil de impressão digital por cromatografia em camada fina de alto desempenho (HPTLC) de vários extractos de partes aéreas secas (folhas, caule e flor) de *Ageratum conyzoides*. Foi utilizado um método simples de impressão digital por cromatografia em camada fina de alto desempenho para a determinação simultânea de fitoconstituintes activos presentes em extractos n-hexano e aquosos de *Rumex vesicarius* L. (Polygonaceae). A análise da impressão digital do extrato de n-hexano mostrou oito picos em 5µl e dez picos em 10µl da amostra. O extrato aquoso apresentou doze picos em 5µl e treze picos em 10µl da amostra analisada (Hariprasad e Ramakrishnan, 2011).

Gunalan e colaboradores investigaram o desenvolvimento da análise da impressão digital de folhas de *Bauhinia variegate* Linn. importantes do ponto de vista económico e medicinal (2012) e este estudo fornece informações suficientes sobre a eficácia terapêutica do medicamento. A avaliação farmacognóstica e o perfil de impressão digital HPTLC do rizoma de *Curculigo orchioides* Gaertn foram estudados por Patil e colaboradores (2012). A análise fitoquímica utilizando HPTLC mostrou a presença de muitos fitoconstituintes como glicosídeos, cumarinas, óleos essenciais, saponinas e triterpenos.

Devi *et al.* (2013) recomendaram a análise da impressão digital HPTLC do extrato da casca de *Ficus nervosa* Heyne Ex Roth. O perfil da impressão digital mostrou a presença de vários fitocomponentes. Saraswathy *et al.* (2013) relataram o estabelecimento do perfil de impressões digitais de duas espécies de *Illicium*, nomeadamente *Illicium verum* e *Illicium griffithii*, utilizando a técnica de cromatografia de camada fina de alto desempenho (HPTLC). A impressão digital HPTLC dos extractos de n-hexano, clorofórmio e acetato de etilo mostrou vários picos com diferentes valores Rf. O perfil da impressão digital HPTLC de duas espécies de *Illicium* pode ser útil para diferenciar as espécies e também para a identificação e autenticação destas espécies.

O desenvolvimento e a validação de métodos espectroscópicos UV e HPTLC para a determinação de Bosentan a partir da forma de dosagem de comprimidos foram investigados por Suganthi *et al.* (2014). A alga castanha *Lobophora variegate* foi explorada para a técnica de cromatografia em camada fina de alto desempenho utilizando o sistema CAMAG HPTLC e foi utilizada como uma ferramenta de diagnóstico para a identificação correcta da alga, um bom estimador da variação genética na população de algas e é utilizada como marcador fitoquímico (Thennarasan *et al.*, 2014).

A análise da impressão digital HPTLC foi efectuada utilizando a metodologia de Wagner *et al.* (1996) e Harborne (1998). O extrato do fruto foi dissolvido em metanol de qualidade para HPLC e a amostra foi manchada. O sistema de solventes selecionado para o extrato do fruto foi tolueno: clorofórmio: etanol na proporção de 4:4:2. 5 µl e 10 µl, 15 µl e 20 µl do extrato foram separadamente colocados em gel de sílica 60 F254 com suporte de placa TLC de alumínio pré-revestido (20cmx10cm). Utilizou-se o dispositivo automático de coloração de amostras CAMAG Linomat 5 com gás inerte, proporcionando uma velocidade de entrega de 150 nl/s a partir da seringa. As amostras foram aplicadas sob a forma de bandas com uma largura de banda de 8 mm utilizando a seringa Hamilton com 100 g de amostra na folha de TLC pré-revestida com a ajuda do aplicador Linomat 5 ligado ao sistema CAMAG HPTLC. Após a aplicação da amostra, as placas foram mantidas no tanque de vidro duplo CAMAG saturadas com a fase móvel durante 15 minutos. As placas secas ao ar foram pulverizadas com o reagente de ácido sulfúrico anisaldeído e a documentação fotográfica do extrato foi observada sob luz ultravioleta (UV) e visível a 200nm, 254nm, 366nm e 560nm.

Os pormenores da HPTLC são os seguintes:

Placa: Placa de alumínio pré-revestida com sílica gel, F254

Espessura: 250μm

Tamanho do prato: 20x10cm (XxY)

Tamanho da seringa: 100 μl

Aplicação da amostra: 5μl, 10μl, 15μl, 20μl

Sistema de solventes: Tolueno: Clorofórmio: Etanol (4:4:2)

Reagente de pulverização: Reagente de ácido sulfúrico de anisaldeído

Deteção: Luz UV e visível (200nm, 254nm, 366nm, 520nm)

Instrumento: Scanner CAMAG Linomat 5 TLC com software WIN CATS

RESULTADOS

1. Perfil de impressão digital do extrato do fruto de *N. cadamba* a 254nm

O perfil de impressão digital HPTLC de *N. cadamba* digitalizado a 254nm mostrou 8 picos em concentrações de 10μl. O valor Rf do cromatograma variou de 0,04 a 0,41 e é mencionado na Tabela 2B.2. O valor Rf de 0,14 mostrou uma concentração máxima de fitocomponente de 33,62%. Os valores Rf de 0,08, 0,19 e 0,41 foram considerados mais proeminentes à medida que a área percentual é maior, com 12,10%, 19,58% e 20,26%, respetivamente, e os restantes componentes foram considerados em menor quantidade à medida que a área percentual diminui. O cromatograma, os picos e a documentação fotográfica a 254 nm são apresentados nas Figs. 2B.1, 2B.2 e 2B.3.

Fig. 2B.1. Cromatograma do extrato do fruto de *N. cadamba* a 254nm

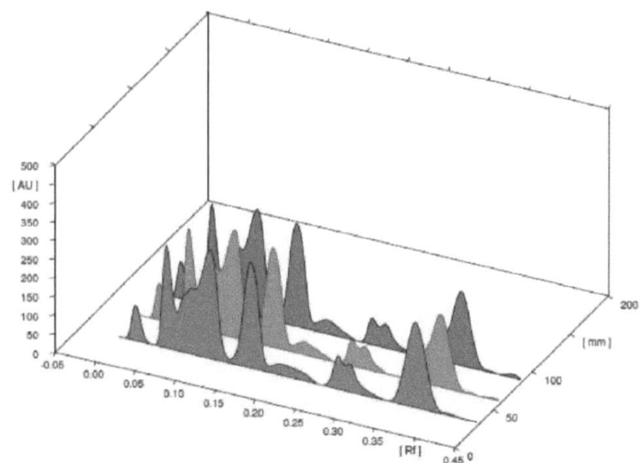

Fig. 2B.2. Cromatograma do extrato do fruto de *N. cadamba* a 254nm

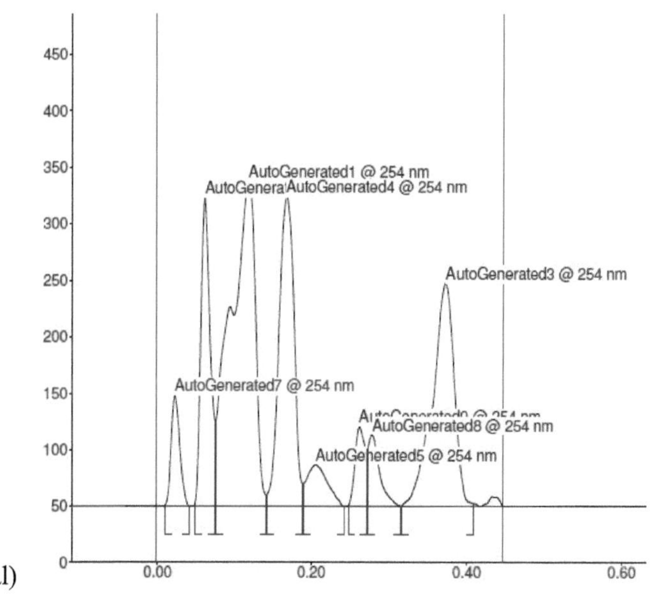

(10μl)

Tabela 2B.1. Lista de picos e valores Rf do cromatograma a 254nm (10μl)

Pico	Início Rf	Rf máxima	Fim Rf	Área (%)
1	0.01	0.02	0.04	4.03
2	0.05	0.06	0.08	12.10
3	0.08	0.12	0.14	33.62
4	0.14	0.17	0.19	19.58

29

5	0.19	0.21	0.24	3.65
6	0.25	0.26	0.27	3.34
7	0.27	0.28	0.32	3.42
8	0.32	0.37	0.41	20.26

Fig. 2B.3. Documentação fotográfica HPTLC a 254nm

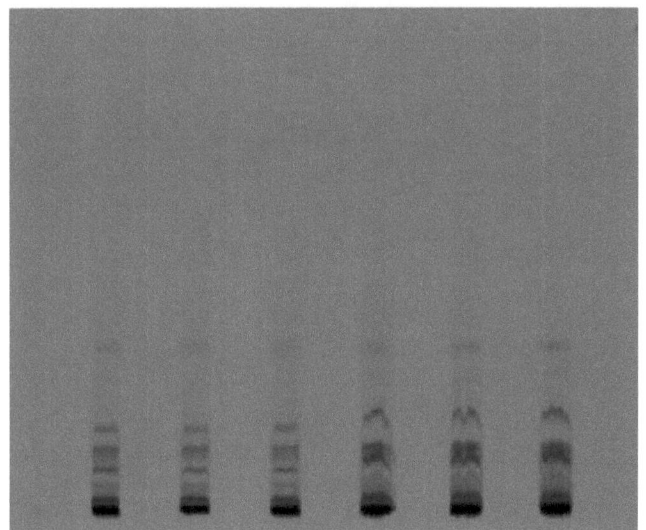

2. Perfil de impressão digital do extrato do fruto de *N. cadamba* a 540nm.

O resultado do perfil de impressão digital do extrato de fruta digitalizado a 540nm foi observado com 15 picos a uma concentração de 10µl (Fig. 2B.4 e 2B.5). O valor Rf do extrato variou de 0,04 a 0,92 (Tabela 2B.2). A concentração máxima de fitoconstituintes (14,50%) foi registada com o valor Rf de 0,40. Foram observados valores de Rf de 0,48, 0,84 e 0,92 com 3 fitoconstituintes proeminentes com a área percentual de 12,15%, 14,36% e 12,78%. A documentação fotográfica do extrato a 540 foi apresentada na Fig. 2B.6.

Fig. 2B.4. Cromatograma do extrato do fruto de *N. cadamba* a 540nm

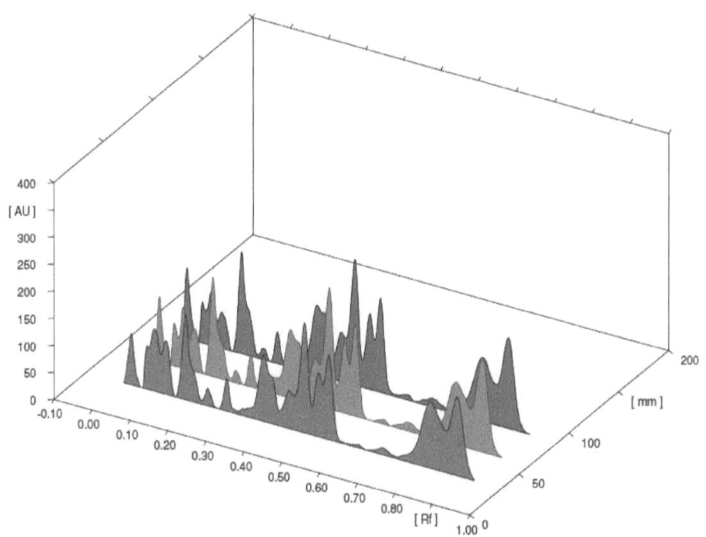

Fig. 2B.5. Cromatograma do extrato do fruto de N. cadamba a 540nm (10µl)

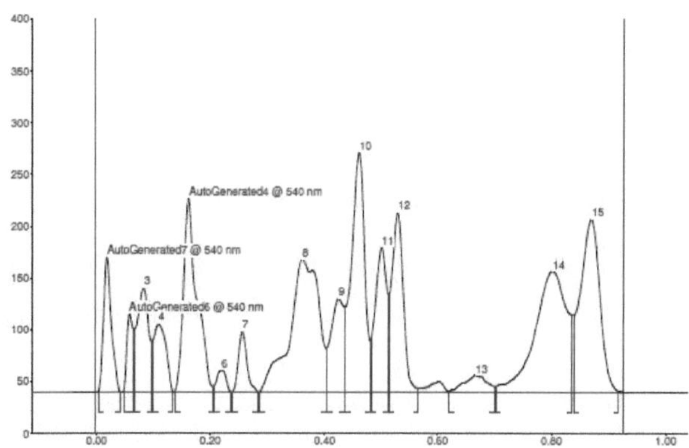

Tabela 2B.2. Lista de picos e valores Rf do cromatograma a 540nm (10µl)

Pico	Início Rf	Rf máxima	Fim Rf	Área (%)
1	0.00	0.02	0.04	4.09
2	0.05	0.06	0.07	1.78
3	0.07	0.08	0.10	4.61
4	0.10	0.11	0.13	3.06
5	0.14	0.16	0.21	9.74
6	0.21	0.22	0.24	0.75
7	0.24	0.26	0.28	1.91
8	0.29	0.36	0.40	14.50
9	0.41	0.43	0.44	4.52
10	0.44	0.46	0.48	12.15
11	0.48	0.50	0.51	6.38
12	0.52	0.53	0.57	7.90
13	0.62	0.67	0.70	1.47
14	0.70	0.80	0.84	14.36
15	0.84	0.87	0.92	12.78

Fig. 2B.6. Documentação fotográfica HPTLC a 540nm

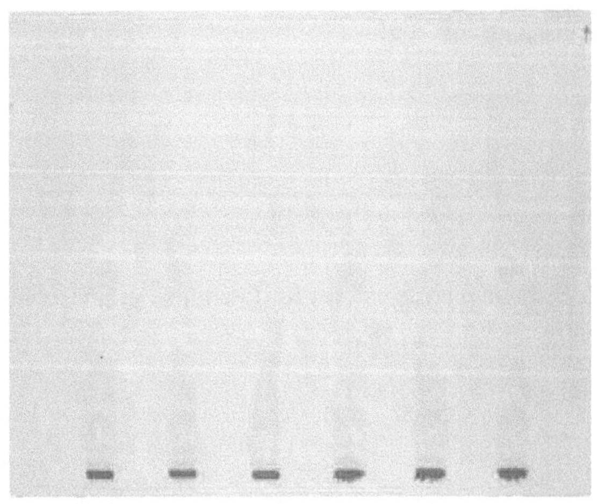

3. Deteção de alcalóides a 254nm

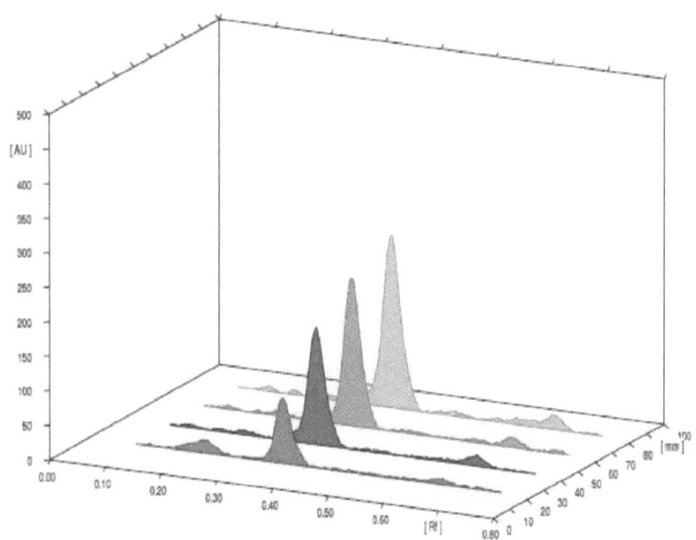

Fig. 2B.7. Cromatograma do extrato do fruto de *N. cadamba* a 254nm

3.1. Deteção de alcalóides a 254nm (2gl)

A uma concentração de 2 µl do extrato, o cromatograma HPTLC mostrou 2 picos com valores Rf de 0,24 e 0,40 em que a área percentual máxima de 79,61% foi registada a partir do valor Rf de 0,40. A área percentual para Rf 0,24 foi de 20,39% (Tabela 2B.3). O cromatograma e os picos estão representados nas Fig. 2B.7 e Fig. 2B.8.

Tabela 2B.3. Lista de picos e valores Rf do cromatograma a 254nm (2µl)

Pico	Início Rf	Rf máxima	Fim Rf	Área (%)
1	0.17	0.21	0.24	20.39
2	0.31	0.35	0.40	79.61

Fig. 2B.8. Cromatograma do extrato do fruto de *N. cadamba* a 254nm (2µl)

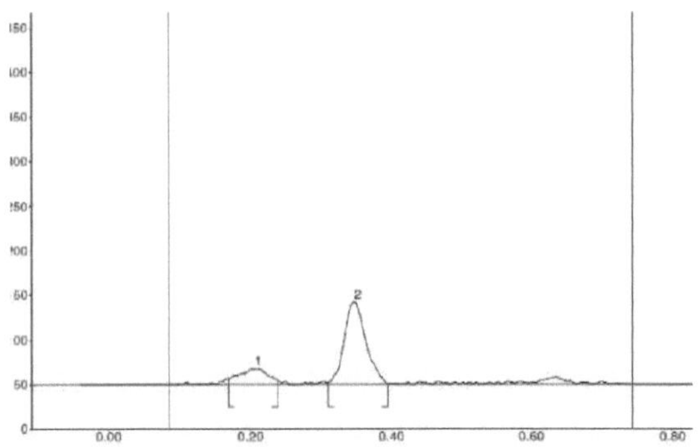

3.2. Deteção de alcalóides a 254nm (4µl)

Foram registados três picos diferentes a uma concentração de 4µl de extrato (Fig. 2B.9). Os valores Rf dos picos são 0,30, 0,39 e 0,67. A maior concentração de fitoconstituintes polivalentes foi observada no valor Rf de 0,39 (88,76%) (Tabela 2B.4).

Tabela 2B.4. Lista de picos e valores Rf do cromatograma a 254nm (4µl)

Pico	Início Rf	Rf máxima	Fim Rf	Área (%)
1	0.28	0.30	0.30	3.34
2	0.31	0.35	0.39	88.76
3	0.60	0.64	0.67	7.90

Fig. 2B.9. Cromatograma do extrato do fruto de *N. cadamba* a 254nm (4µl)

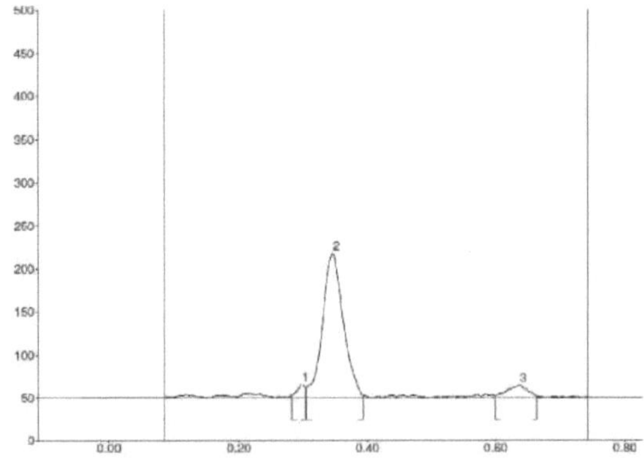

3.3. Deteção de alcalóides a 254nm (6µl)

A uma concentração de 6µl do extrato, foram observados 2 picos para alcalóides no cromatograma (Fig. 2B.10). Os valores Rf dos picos são 0,40 e 0,67. O primeiro foi registado com uma área percentual máxima de 94,08%, o que revelou que uma concentração elevada de componentes alcalóides estava presente no valor Rf de 0,40 (Tabela 2B.5).

Tabela 2B.5. Lista de picos e valores Rf do cromatograma a 254nm (6μl)

Pico	Início Rf	Rf máxima	Fim Rf	Área (%)
1	0.31	0.35	0.40	94.08
2	0.62	0.64	0.67	5.92

Fig. 2B.10. Cromatograma do extrato do fruto de *N. cadamba* a 254nm (6μl)

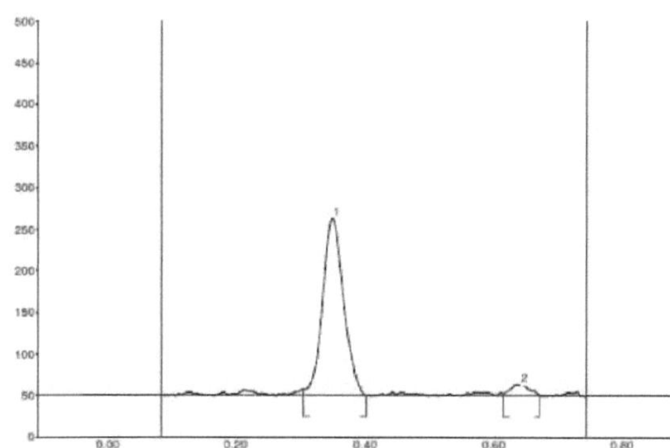

3.4. Deteção de alcalóides a 254nm (8μl)

Na concentração de 8μl do extrato, os alcalóides mostraram dois picos com a área percentual de 93,05% e 6,95% para o valor Rf de 0,42 e 0,69 respetivamente (Tabela 2B.6 e Fig. 2B.11). A documentação fotográfica do extrato do fruto a 254nm é apresentada na Fig. 2B.12.

Tabela 2B.6. Lista de picos e valores Rf do cromatograma a 254nm (8μl)

Pico	Início Rf	Rf máxima	Fim Rf	Área (%)
1	0.31	0.36	0.42	93.05
2	0.63	0.65	0.69	6.95

Fig. 2B.11. Cromatograma do extrato do fruto de *N. cadamba* a 254nm (8μl)

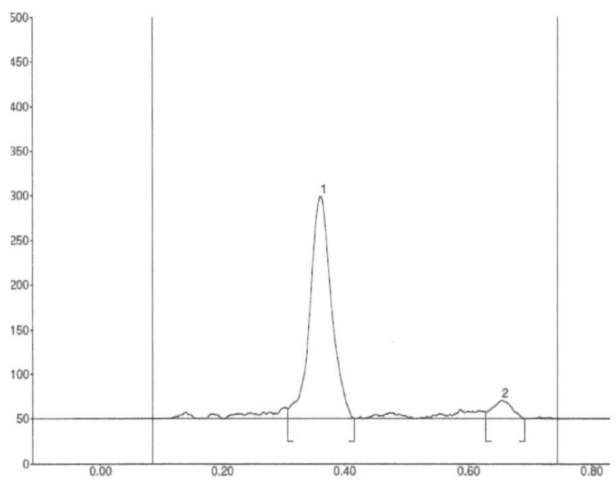

Fig. 2B.12. Documentação fotográfica HPTLC a 254nm

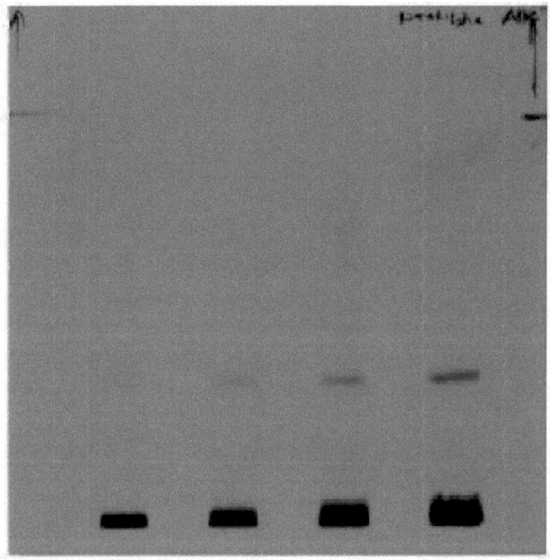

4. Deteção de saponinas a 200nm

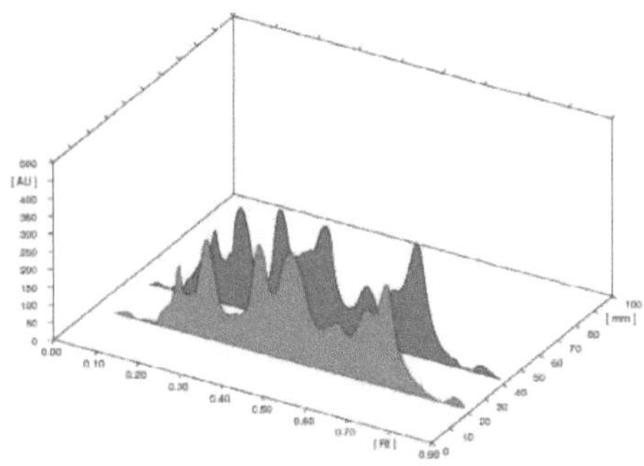

Fig. 2B.13. Cromatograma do extrato do fruto de *N. cadamba* a 200nm

4.1. Deteção de saponinas a 200nm (5µl)

Quando o extrato do fruto foi analisado a 200nm a uma concentração de 5µl mostrou 9 picos que constituem os diferentes compostos polivalentes em saponinas (Fig. 2B.13 e Fig. 2B.14). Os valores de Rf variaram de 0,10 a 0,88. A área percentual máxima de 25,27 foi observada no valor Rf de 0,54 (Tabela 2B.7). Os valores de Rf de 0,32, 0,43, 0,67 e 0,77 são proeminentes, pois a área percentual é maior com 15,44%, 16,76%, 10,05 e 16,52. Os restantes componentes são muito reduzidos, uma vez que a área percentual é muito pequena.

Tabela 2B.7. Lista de picos e valores Rf do cromatograma a 200nm (5µl)

Pico	Início Rf	Rf máxima	Fim Rf	Área (%)
1	0.06	0.08	0.10	0.30
2	0.15	0.20	0.22	6.45
3	0.23	0.27	0.32	15.44
4	0.35	0.39	0.43	16.76
5	0.43	0.47	0.54	25.27
6	0.54	0.58	0.60	8.55
7	0.61	0.65	0.67	10.05
8	0.67	0.70	0.77	16.52
9	0.84	0.86	0.88	0.65

Fig. 2B.14. Cromatograma do extrato do fruto de *N.cadamba* a 200nm (5µl)

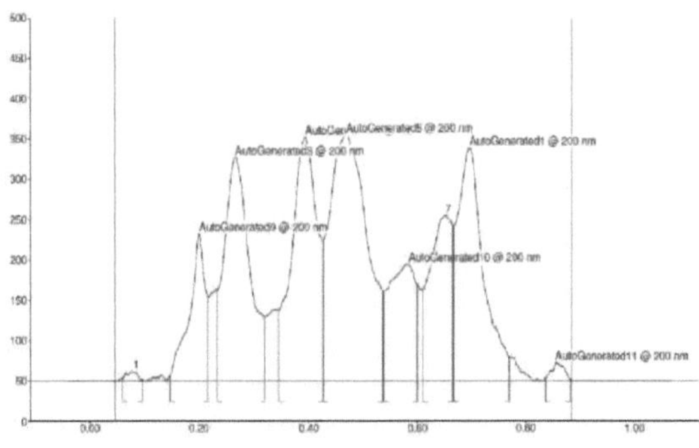

4.2. Deteção de saponinas a 200nm (10µl)

A uma concentração de 10µl do extrato, as saponinas a 200nm mostraram 9 picos com uma área percentual máxima de 24,75% correspondente ao valor Rf de 0,52 (Fig. 2B.15). O intervalo do valor Rf variou de 0,12 a 0,87. 15,90, 14,64 e 19,96 são as áreas percentuais proeminentes observadas nos valores de Rf de 0,32, 0,39 e 0,76 (Tabela 2B.8). A documentação fotográfica a 200 nm foi apresentada na Fig. 2B.16.

Tabela 2B.8. Lista de picos e valores Rf do cromatograma a 200nm (10µl)

Pico	Início Rf	Máximo Rf	Fim Rf	Área (%)
1	0.10	0.12	0.12	0.32
2	0.12	0.20	0.22	10.13
3	0.23	0.26	0.32	15.90
4	0.32	0.36	0.39	14.64
5	0.39	0.47	0.52	24.75
6	0.53	0.57	0.60	8.03
7	0.60	0.63	0.64	5.48
8	0.64	0.68	0.76	19.96
9	0.82	0.84	0.87	0.79

Fig. 2B.15. Cromatograma do extrato do fruto de *N. cadamba* a 200nm (10µl)

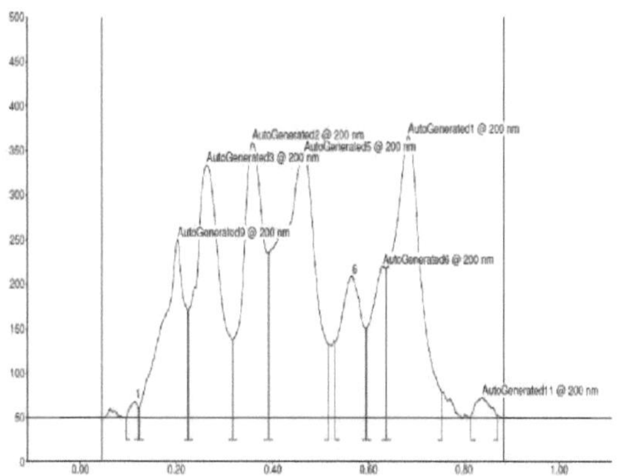

Fig. 2B.16. Documentação fotográfica HPTLC a 200nm

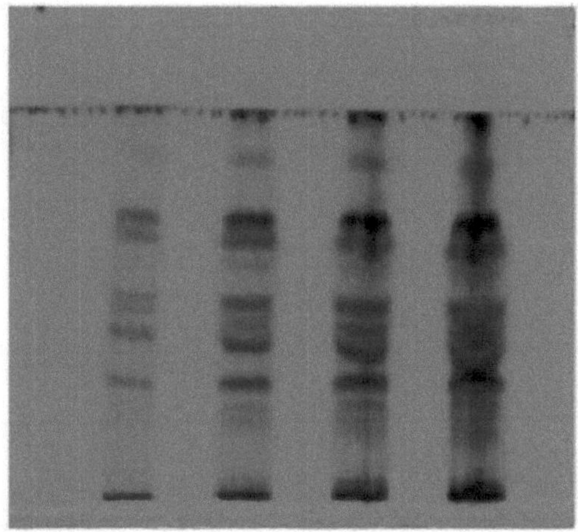

4.3. Deteção de saponinas a 254nm

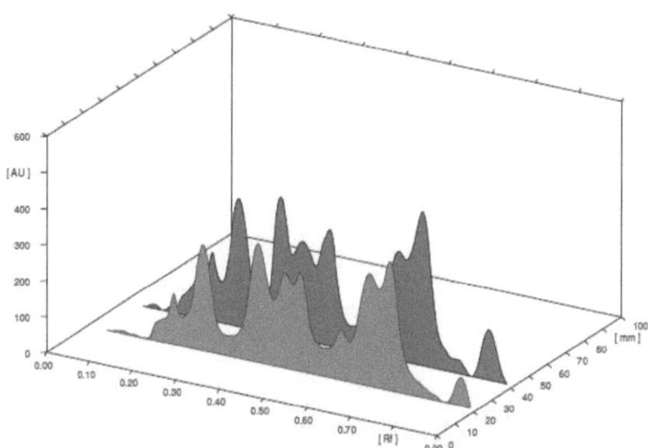

Fig. 2B.17. Cromatograma do extrato do fruto de *N. cadamba* a 254nm

4.4. Deteção de saponinas a 254nm (5µl)

A 254nm, o extrato do fruto foi observado com 9 picos a uma concentração de 5 µl (Fig. 2B.17 e Fig. 2B.18). O valor Rf variou de 0,22 a 0,88 (Tabela 2B.9). A área percentual máxima de 18,01% foi obtida no valor Rf correspondente de 0,43. Os valores de Rf de 0,32, 0,54, 0,67 e 0,82 mostraram a área percentual de 14,71%, 11,02%, 14,97% e 17,74%.

Tabela 2B.9. Lista de picos e valores Rf do cromatograma a 254nm (5µl)

Pico	Início Rf	Rf máxima	Fim Rf	Área (%)
1	0.13	0.20	0.22	5.31
2	0.22	0.27	0.32	14.71
3	0.32	0.39	0.43	18.01
4	0.43	0.46	0.47	9.84
5	0.47	0.49	0.54	11.02
6	0.54	0.58	0.60	6.16
7	0.61	0.65	0.67	14.97
8	0.67	0.70	0.82	17.74
9	0.83	0.86	0.88	2.24

Fig. 2B.18. Cromatograma do extrato do fruto de *N. cadamba* a 254nm (5µl)

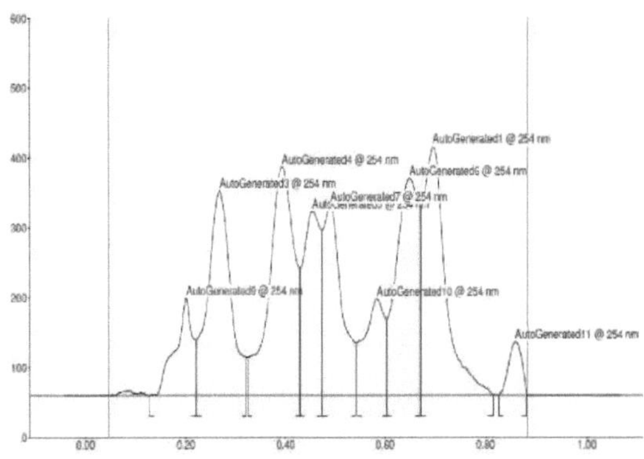

4.5. Deteção de saponinas a 254nm (10µl)

A uma concentração de 10 µl do extrato do fruto a 254nm, existem 11 fitoconstituintes polivalentes diferentes (Fig. 2B.19). Os valores de Rf estavam na faixa de 0,09 a 0,88 e estão tabulados na Tabela 2B.10. A concentração mais elevada do fitoconstituinte foi de 19,07% e o seu valor Rf correspondente é de 0,76. A documentação fotográfica foi apresentada na Fig. 2B.20.

Tabela 2B.10. Lista de picos e valores Rf do cromatograma a 254nm (10µl)

Pico	Início Rf	Rf máxima	Fim Rf	Área (%)
1	0.05	0.07	0.09	0.17
2	0.12	0.20	0.22	8.22
3	0.23	0.26	0.31	14.30
4	0.32	0.36	0.39	13.36
5	0.39	0.41	0.44	10.11
6	0.44	0.47	0.52	12.69
7	0.52	0.57	0.59	6.17
8	0.59	0.63	0.65	10.81
9	0.65	0.69	0.76	19.07
10	0.76	0.76	0.80	0.76
11	0.80	0.84	0.88	4.34

Fig. 2B.19. Cromatograma do extrato do fruto de *N. cadamba* a 254nm (10µl)

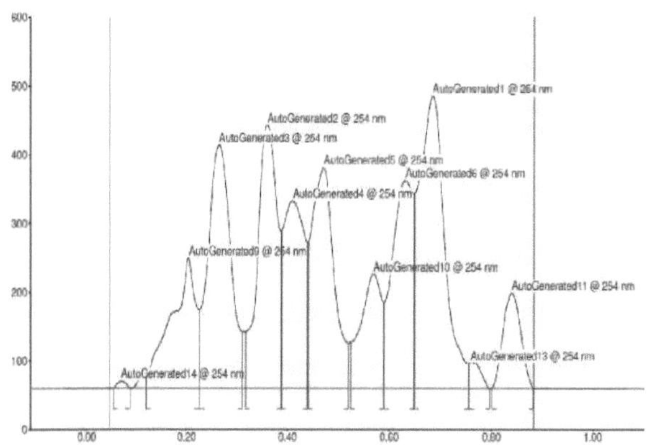

Fig. 2B.20. Documentação fotográfica HPTLC a 254nm

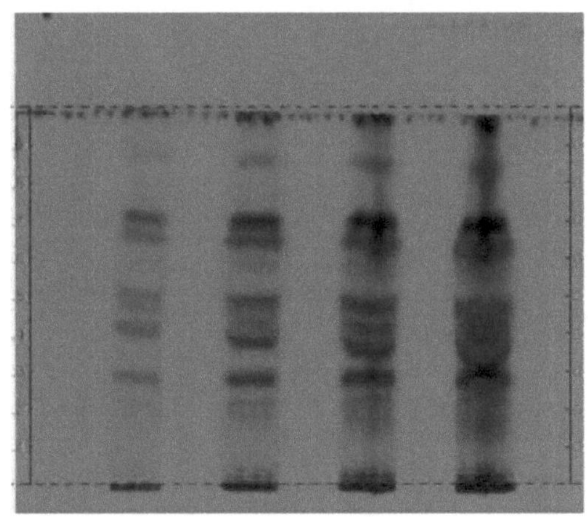

4.6. Deteção de saponinas a 366nm

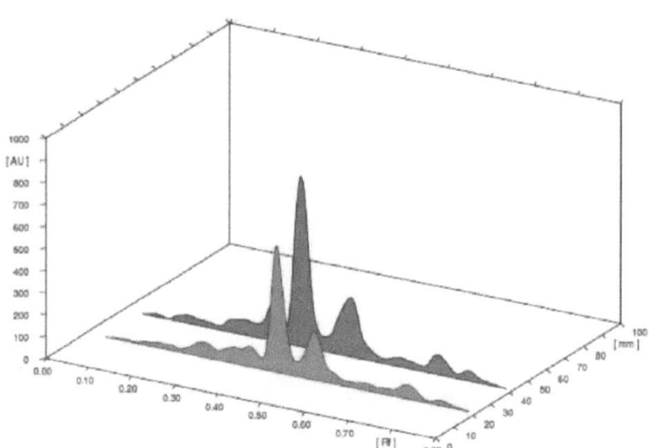

Fig. 2B.21. Cromatograma do extrato do fruto de *N. cadamba* a 366nm

4.7. Deteção de saponinas a 366nm (5µl)

A análise do extrato do fruto a 366nm em concentrações de 5 µl de saponinas produziu 8 picos (Fig. 2B.21 e Fig. 2B.22). Os valores Rf estavam no intervalo de 0,18 a 0,88. Foi observada uma área percentual proeminente de 42,01% no valor Rf de 0,49.

Tabela 2B.11. Lista de picos e valores Rf do cromatograma a 366nm (5 µl)

Pico	Início Rf	Rf máxima	Fim Rf	Área (%)
1	0.11	0.17	0.18	2.36
2	0.21	0.28	0.31	8.61

3	0.31	0.35	0.36	6.69
4	0.36	0.38	0.41	7.57
5	0.41	0.44	0.49	42.01
6	0.49	0.53	0.61	23.72
7	0.70	0.74	0.79	6.89
8	0.79	0.82	0.88	2.16

Fig. 2B.22. Cromatograma do extrato do fruto de *N. cadamba* a 366nm (5μl)

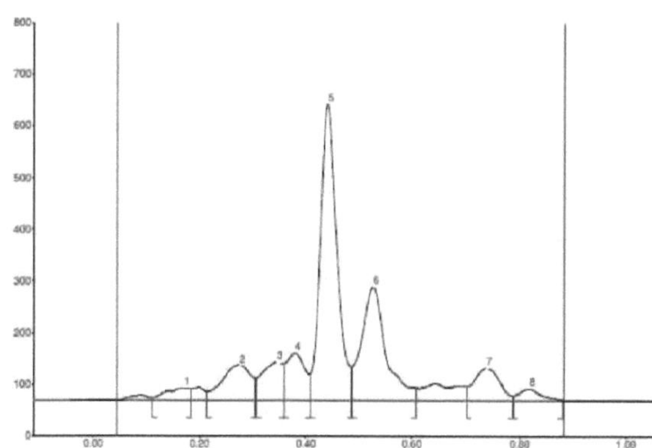

4.8. Deteção de saponinas a 366nm (10 μl)

A concentração de 10 μl do extrato de fruta analisada a 366nm mostrou mais um pico do que em concentrações de 5 μl (Fig. 2B.23). O intervalo do valor Rf foi de 0,10 a 0,88 (Tabela 2B.12). A quantidade máxima de fitocompostos (42,73%) estava no valor Rf de 0,46. A Fig. 2B.24 mostrou a documentação fotográfica a 366 nm.

Tabela 2B.12. Lista de picos e valores Rf do cromatograma a 366nm (10μl)

Pico	Início Rf	Rf máxima	Fim Rf	Área (%)
1	0.05	0.08	0.10	0.54
2	0.10	0.15	0.20	3.34
3	0.22	0.29	0.31	6.46
4	0.31	0.35	0.38	10.27
5	0.38	0.41	0.46	42.73
6	0.46	0.52	0.60	23.86
7	0.60	0.64	0.69	3.77
8	0.69	0.73	0.77	5.97

| 9 | 0.77 | 0.80 | 0.88 | 3.05 |

Fig. 2B.23. Cromatograma do extrato do fruto de *N. cadamba* a 366nm (10µl)

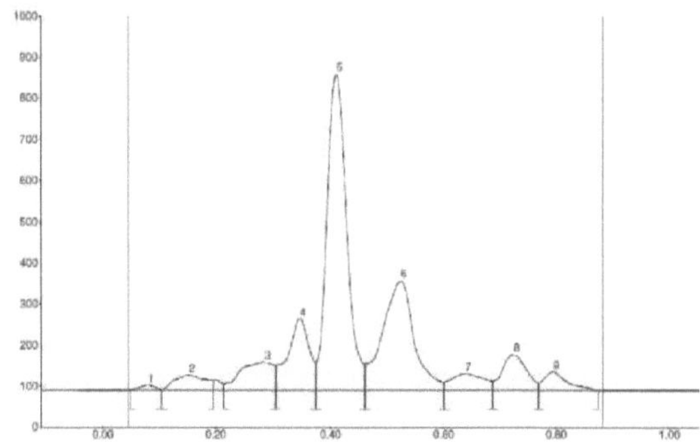

Fig. 2B.24. Documentação fotográfica HPTLC a 366nm

5. deteção de terpenóides a 200nm

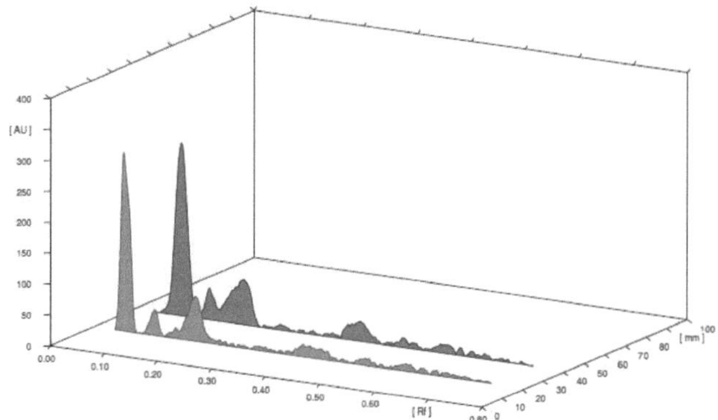

Fig. 2B.25. Cromatograma do extrato do fruto de *N. cadamba* a 200nm

5.1. Deteção de terpenóides a 200nm (5µl)

Quando o extrato de fruta foi analisado a 200nm a uma concentração de 5 µl produziu 6 picos (Fig. 2B.25 e Fig. 2B.26) e o valor Rf correspondente variou de 0,08 a 0,44. A área percentual máxima de 59,51% foi produzida pelo valor Rf de 0,08 (Tabela 2B.13). Outro pico mais elevado foi observado no valor Rf de 0,21 com uma área percentual de 22,84%.

Tabela 2B.13 Lista de picos e valores Rf do cromatograma a 200nm (5µl)

Pico	Início Rf	Rf máxima	Fim Rf	Área (%)

1	0.04	0.06	0.08	59.51
2	0.09	0.11	0.13	7.66
3	0.13	0.15	0.16	2.72
4	0.16	0.19	0.21	22.84
5	0.37	0.39	0.39	3.80
6	0.41	0.42	0.44	3.47

Fig. 2B.26 Cromatograma do extrato do fruto de *N. cadamba* a 200nm (5μl)

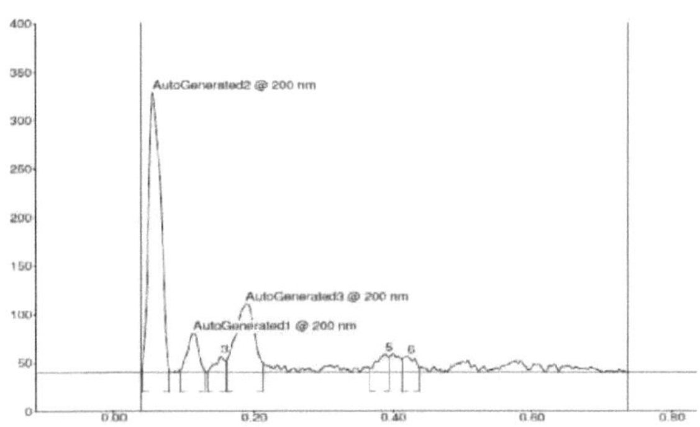

5.2. Deteção de terpenóides a 200nm (10μl)

A análise do extrato em 200nm a 10 μl de concentração produziu 7 picos correspondentes aos diferentes fitocompostos (Tabela 2B.14 e Fig. 2B.27). Os valores de Rf estavam na faixa de 0,11 a 0,61 e a área mais alta foi observada no valor de Rf de 0,11, que é 52%. Um pico mais elevado com uma área percentual de 24,12 foi registado no valor Rf de 0,23. A documentação fotográfica a 200 nm é apresentada na Fig. 2B.28.

Tabela 2B.14. Lista de picos e valores Rf do cromatograma a 200nm (10μl)

Pico	Início Rf	Rf máxima	Fim Rf	Área (%)
1	0.05	0.09	0.11	52
2	0.12	0.14	0.16	7.68
3	0.16	0.20	0.23	24.12
4	0.38	0.42	0.44	9.68
5	0.47	0.49	0.51	2.13
6	0.55	0.57	0.59	3.46

| 7 | 0.59 | 0.60 | 0.61 | 0.93 |

Fig. 2B.27. Cromatograma do extrato do fruto de *N. cadamba* a 200nm (10µl)

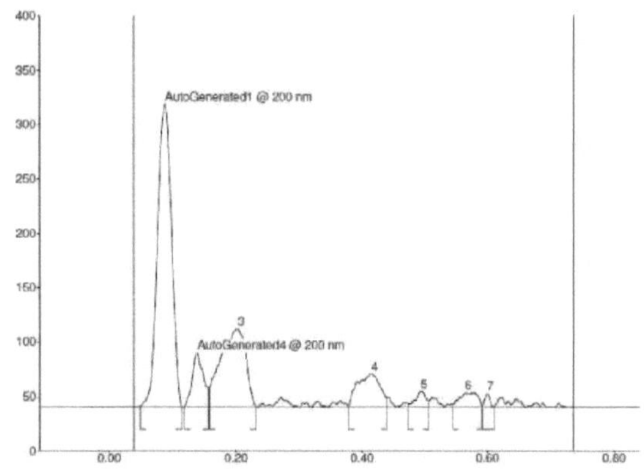

Fig. 2B.28. Documentação fotográfica HPTLC a 200nm

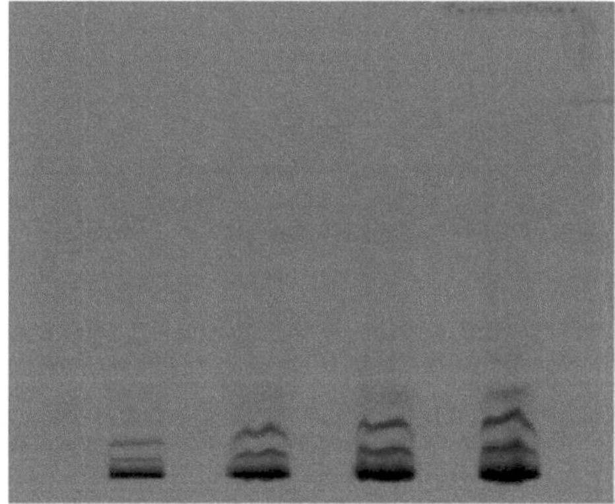

5.3. Deteção de terpenóides a 254nm

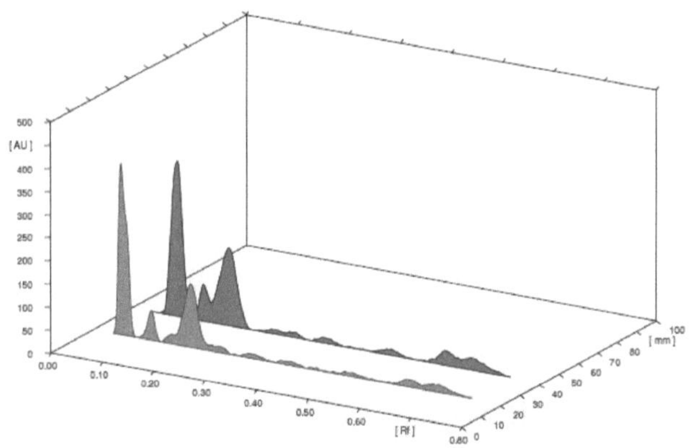

Fig. 2B.29.Cromatograma do extrato do fruto de *N. cadamba* a 254nm

5.4. Deteção de terpenóides a 254nm (5µl)

A 254nm, o extrato de fruta a uma concentração de 5µl produziu 6 picos (Fig. 2B.29 e Fig. 2B.30). A área máxima do pico foi observada no valor Rf de 0,08 com uma área percentual de 48,96%. 31,21 é a área percentual observada no valor Rf de 0,22. O valor Rf de todos os picos é apresentado na Tabela 2B.15.

Tabela 2B.15. Lista de picos e valores Rf do cromatograma a 254nm (5µl)

Pico	Início Rf	Rf máxima	Fim Rf	Área (%)
1	0.04	0.05	0.08	48.96
2	0.09	0.11	0.13	7.54
3	0.16	0.19	0.22	31.21
4	0.23	0.24	0.27	2.86
5	0.58	0.62	0.64	4.27
6	0.65	0.67	0.72	5.16

Fig. 2B.30.Cromatograma do extrato do fruto de *N. cadamba* a 254nm (5µl)

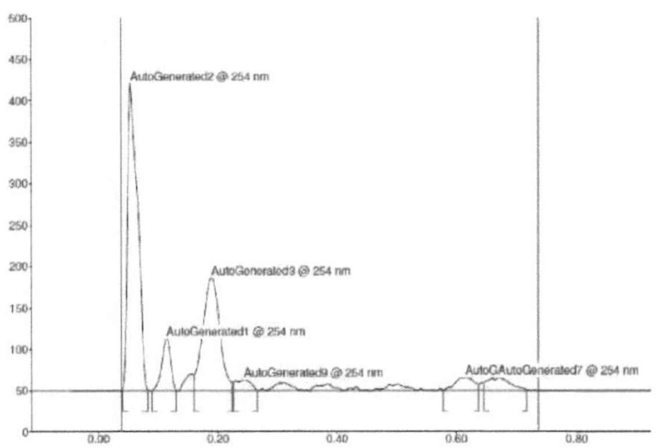

5.5. Deteção de terpenóides a 254nm (10 µl)

A 10 µl de concentração do extrato, quando analisado a 254nm, mostrou 8 compostos polivalentes no cromatograma (Fig. 2B.31). O intervalo do valor Rf estava entre 0,11 e 0,71. A maior quantidade de composto foi observada no valor Rf correspondente a 0,11 e a área percentual é de 42,36% (Tabela 2B.16). O valor Rf de 0,23 apresentou uma área percentual de 32,68%. Todos os outros picos são pequenos, com uma quantidade muito menor de fitoconstituintes (Fig. 2B.32).

Tabela 2B.16. Lista de picos e valores Rf do cromatograma a 254nm (10µl)

Pico	Início Rf	Rf máxima	Fim Rf	Área (%)
1	0.05	0.09	0.11	42.36
2	0.12	0.14	0.15	8.28
3	0.16	0.19	0.23	32.68
4	0.29	0.31	0.33	1.47
5	0.35	0.37	0.39	1.75
6	0.47	0.50	0.53	2.24
7	0.59	0.61	0.63	5.07
8	0.64	0.66	0.71	6.15

Fig. 2B.31.Cromatograma do extrato do fruto de *N.cadamba* a 254nm (10µl)

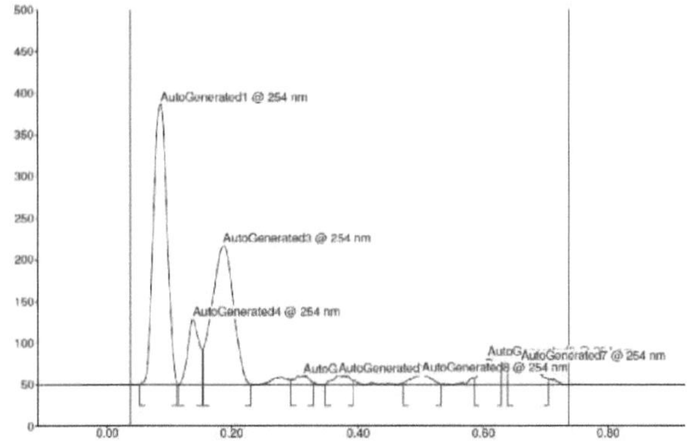

Fig. 2B.32. Documentação fotográfica HPTLC a 254nm

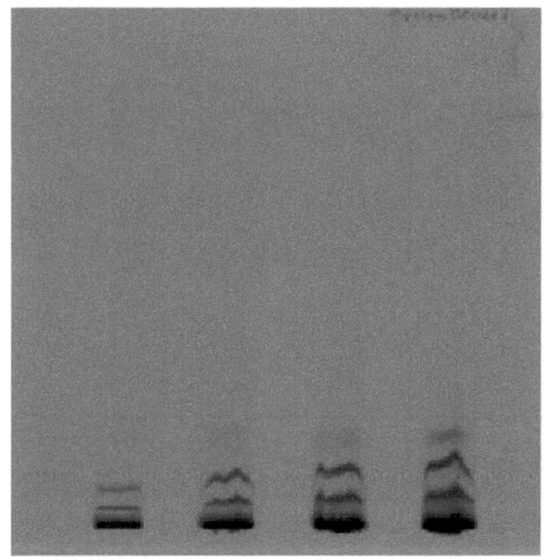

5.6. Deteção de terpenóides a 366nm

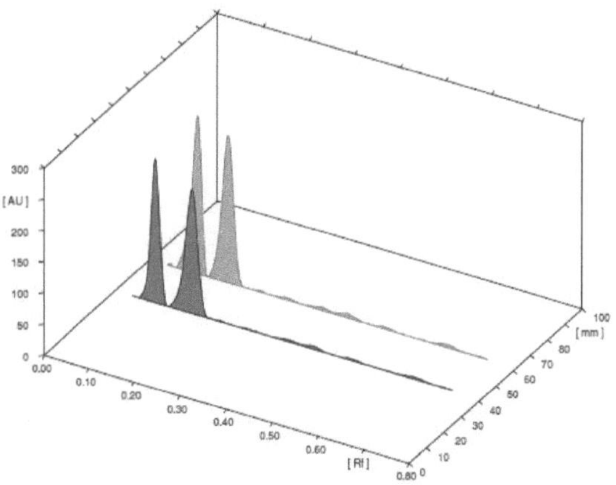

Fig. 2B.33.Cromatograma do extrato do fruto de *N. cadamba* a 366nm

5.7. Deteção de terpenóides a 366nm (10µl)

A análise do extrato a 366nm a uma concentração de 10µl mostrou apenas 2 compostos terpenóides com um valor Rf de 0,11 e 0,20 e a área percentual correspondente foi de 44,99% e 55,01% (Fig. 2B.33 e Fig. 2B.34). Os valores Rf são apresentados na Tabela 2B.17.

Tabela 2B.17. Lista de picos e valores Rf do cromatograma a 366nm (10µl)

Pico	Início Rf	Rf máxima	Fim Rf	Área (%)
1	0.05	0.09	0.11	44.99
2	0.12	0.17	0.20	55.01

Fig. 2B.34.Cromatograma do extrato do fruto de *N. cadamba* a 366nm (10µl)

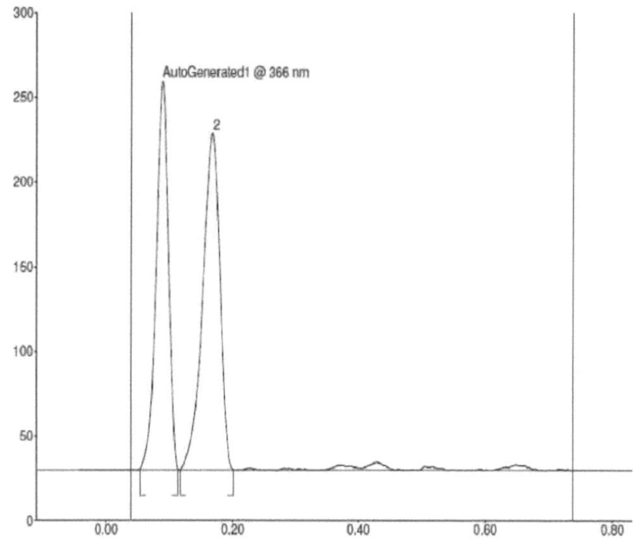

5.8. Deteção de terpenóides a 366nm (15µl)

Uma concentração de 15 µl do extrato analisado a 366nm também mostrou apenas 2 picos (Fig. 2B.35) com uma área percentual máxima de 52,53% no valor Rf de 0,20. 47,47% de compostos terpenóides foram observados no valor Rf de 0,12 (Tabela 2B.18). A documentação fotográfica a 366 nm foi apresentada na Fig. 2B.36.

Tabela 2B.18. Lista de picos e valores Rf do cromatograma a 366nm (15 µl)

Pico	Início Rf	Rf máxima	Fim Rf	Área (%)
1	0.06	0.10	0.12	47.47
2	0.13	0.17	0.20	52.53

Fig. 2B.35.Cromatograma do extrato do fruto de *N.cadamba* a 366nm (15µl)

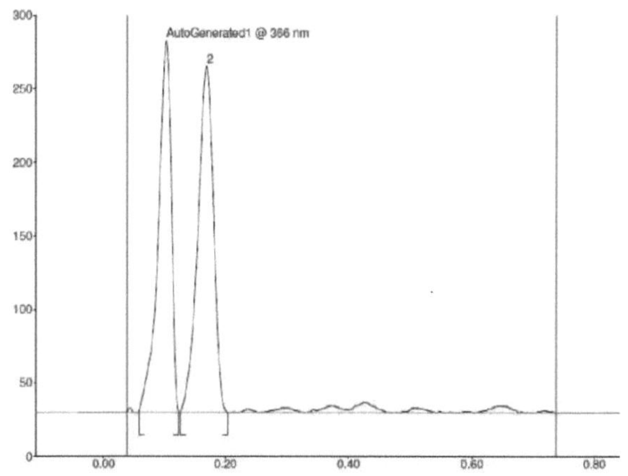

Fig. 2B.36. Documentação fotográfica HPTLC a 366nm

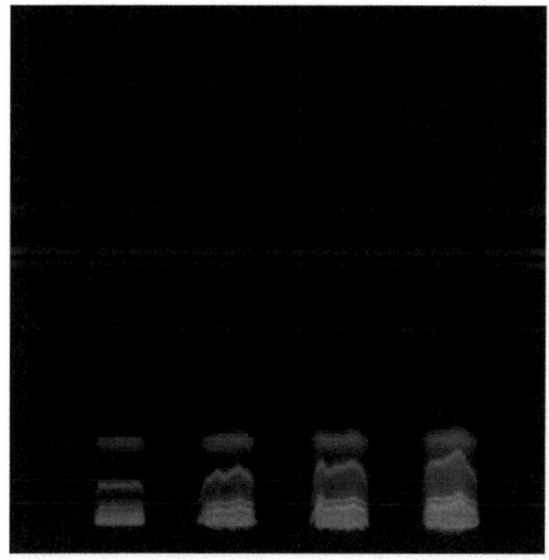

6. Deteção de esteróides a 254 nm

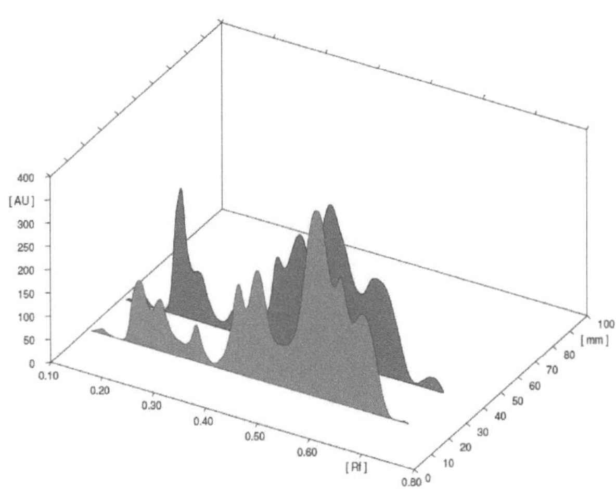

Fig 2B.37.Cromatograma do extrato do fruto de *N. cadamba* a 254nm

6.1. Deteção de esteróides a 254nm (5µl)

Quando os esteróides foram analisados a 254nm a uma concentração de 5µl, desenvolveram-se 9 picos diferentes de esteróides (Fig. 2B.38) com uma área percentual máxima de 35,64 correspondente ao valor Rf de 0,58. O valor Rf varia entre 0,16 e 0,69 (Tabela 2B.19).

Tabela 2B.19. Lista de picos e valores Rf do cromatograma a 254nm (5µl)

Pico	Início Rf	Rf máxima	Fim Rf	Área (%)
1	0.11	0.13	0.16	0.30
2	0.17	0.20	0.22	6.96
3	0.23	0.24	0.29	5.82
4	0.29	0.31	0.34	3.10
5	0.34	0.39	0.41	8.40
6	0.41	0.43	0.47	14.58
7	0.48	0.54	0.58	35.64
8	0.58	0.59	0.61	12.02
9	0.61	0.63	0.69	13.19

Fig. 2B.38. Cromatograma do extrato do fruto de *N. cadamba* a 254nm (5µl)

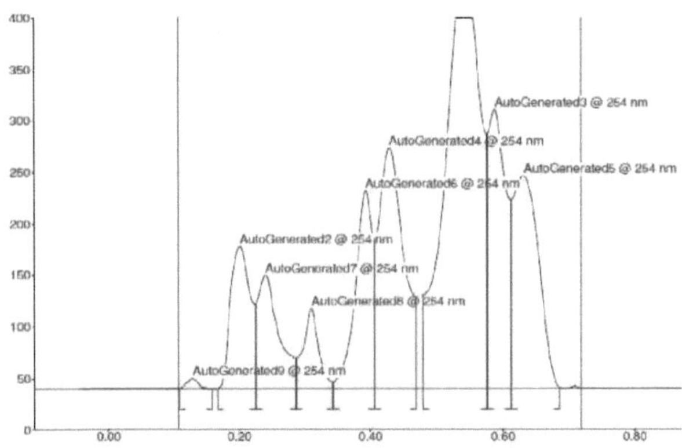

6.2. Deteção de esteróides a 254nm (10µl)

A concentração de 10µl do extrato no comprimento de onda 254 mostrou 9 fitocompostos (Fig. 2B.39). A área percentual mais elevada de 33,01% foi observada contra o valor Rf de 0,56. Os compostos esteróides variaram no intervalo do valor Rf de 0,16 a 0,71. Os valores Rf dos diferentes picos são apresentados na Tabela 2B.20. A fotodocumentação HPTLC a 254nm está representada na Fig. 2B.40.

Tabela 2B.20. Lista de picos e valores Rf do cromatograma a 254nm (10 µl)

Pico	Início Rf	Rf máxima	Fim Rf	Área (%)
1	0.13	0.14	0.16	0.38
2	0.18	0.22	0.24	11.91
3	0.24	0.25	0.29	4.51
4	0.29	0.33	0.35	3.03
5	0.35	0.40	0.41	9.07
6	0.42	0.44	0.47	17.43
7	0.47	0.50	0.56	33.01
8	0.56	0.59	0.66	19.40
9	0.67	0.70	0.71	1.26

Fig. 2B.39. Cromatograma do extrato do fruto de *N. cadamba* a 254nm (10µl)

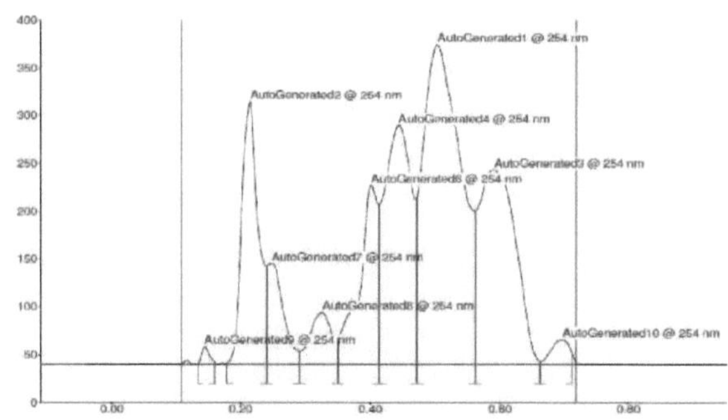

Fig. 2B.40. Documentação fotográfica HPTLC a 254nm

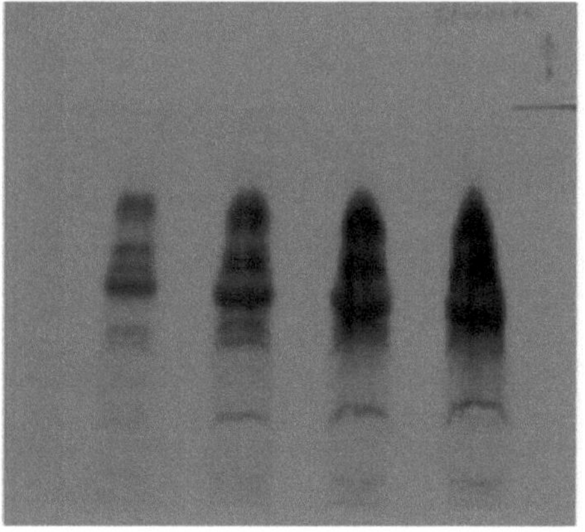

DISCUSSÃO

A impressão digital HPTLC é utilizada como uma ferramenta analítica alternativa para a autenticação de material vegetal. Além disso, o padrão de gradientes químicos distribuídos no material vegetal pode ser facilmente identificado e estudado com esta sofisticada técnica racional (Hariprasad e Ramakrishnan, 2012). Os compostos bioactivos das plantas são o campo de interesse do farmacologista para o processo de desenvolvimento de medicamentos (Hellmann *et al.*, 2010; Dharani *et al.*, 2011).

A análise HPTLC do extrato do fruto de *N. cadamba* indicou a presença de diferentes compostos bioactivos como picos no densitograma de HPTLC e são representados pelo valor correspondente do fator de retenção (Rf). Por conseguinte, o isolamento, a identificação e a purificação destes fitocompostos de acordo com o valor Rf podem ser úteis para a formulação de novos medicamentos (Sunil *et al.*, 2013). Nos últimos tempos, as plantas estão a ser classificadas com base em marcadores anatómicos, bioquímicos e moleculares. Neste caso, o perfil de impressão digital HPTLC é utilizado como marcador fitoquímico e para estimar a variabilidade genética na população de plantas. A estimativa qualitativa com um composto marcador é necessária para fixar padrões para esta planta, *N. cadamba* (Kaushik *et al.*, 2010). Os valores de Rf obtidos em diferentes concentrações (5μl, 10 μl, 15 μl e 20 μl) do material vegetal podem servir como uma ferramenta melhor para a padronização do medicamento. Os resultados da HPTLC indicam um número de metabolitos secundários bioactivos e a área percentual do composto específico na amostra e estes metabolitos secundários são responsáveis pela propriedade curativa das plantas medicinais (Bhat *et al.*, 2012). A imagem de fluorescência HPTLC associada ao perfil de varrimento fornece informações adequadas para a identificação, avaliação e comparação dos principais fitocompostos activos na amostra de planta para a sua utilização em preparações medicinais (Kamboj e Saluja, 2011).

Na análise de impressão digital HPTLC, os alcalóides mostraram uma área percentual máxima de 79,61% (2μl), 88,76% (4 μl), 94,08% (6 μl) e 93,05% (μl) a 254nm com o aumento da concentração do extrato de fruta de *N. cadamba*. A área percentual máxima mostrada pelas saponinas a 200nm foi de 14,50% (5 μl) e 19,96% (10 μl). Mas a 254nm as saponinas mostraram 18,01% (5 μl) e 19,07% (10 μl) como área percentual máxima. 42,01% (5 μl) e 42,73 (10 μl) são a área percentual máxima observada no comprimento de onda de 366nm. Nas concentrações de 5 μl e 10μl, os terpenóides a 200nm mostraram a área percentual máxima de 22,84% e 24,12% como picos. A 254nm, a área percentual aumentou para 48,96% para a concentração de 5 μl e 42,36% para a concentração de 10 μl. Os dois picos máximos observados a 366nm foram nas concentrações de 10 μl (55,01%) e 15 μl (52,53). Os esteroides apresentaram uma área percentual máxima de 35,64% (5 μl) e 33,01% (10 μl) a 254nm.

Os resultados mostraram que os alcalóides encontraram a sua área percentual máxima no cromatograma HPTLC do que os outros fitoquímicos. Os fitoquímicos como os alcalóides, as saponinas, os taninos e os esteróis têm várias acções terapêuticas. Oferecem atividade nefroprotectora, antioxidante e antinefrolítica no sistema biológico (Erdemoglu *et al.*, 2007; Sathish *et al.*, 2010; Rao *et al.*, 2012; Maya e Pramod, 2014).

Além disso, os alcalóides têm atividade antibiótica e são incorporados como anti-sépticos na medicina para dar proteção antimicrobiana (Roberts, 1998). Os esteróides à base de plantas possuem actividades antimicrobianas (Shihabudeen *et al.*, 2010) e antioxidantes (Koduru *et al.*, 2007). As saponinas presentes nos extractos de plantas foram relatadas com potentes actividades antimicrobianas (Mandal *et al.*, 2005), antioxidantes (Gulcin *et al.*, 2004), diuréticas (Krishna *et al.*, 2011), hemolíticas (Inalegwu e Sodipo, 2013) e efeitos inibitórios na inflamação (Just *et al.*, 1998).

A eficácia terapêutica de um medicamento depende da utilização de matérias-primas adequadas. Por conseguinte, a segurança, a qualidade e a eficácia das matérias-primas são de grande interesse e importância, bem como uma questão importante nos últimos anos (Gomathi *et al.*, 2012). O presente estudo de HPTLC fornece uma ferramenta de informação básica útil para o isolamento, a purificação e a identificação de compostos marcadores de frutos de *N. cadamba* e serviu como matéria-prima eficaz para a formulação de medicamentos.

CONCLUSÃO

N. cadamba, a árvore sagrada do Senhor Krishna, foi referida para o tratamento fitoterapêutico de várias doenças como a tosse, problemas uterinos, doenças urinárias, diarreia, disenteria e colite. A casca e as folhas da planta têm várias utilizações médicas, tais como adstringente, anti-hepatotóxica, antidiurética, cicatrizante, anti-séptica, anti-helmíntica, antibacteriana, diurética e laxante. O presente estudo tem por objetivo explorar o potencial dos frutos de *Neolamarckia cadamba, explicando a* análise qualitativa, as características físico-químicas e o estudo ICP-MS, bem como o perfil de impressão digital por cromatografia em camada fina de alta resolução (HPTLC) dos frutos de *N. cadamba* a 200nm, 254nm, 366nm e 520nm. Os resultados do estudo indicaram que os frutos de *N. cadamba* contêm fitoquímicos como flavonóides, saponinas, hidratos de carbono, cumarinas, alcalóides, esteróides, terpenóides, glicosídeos cardíacos, fenol, flobataninos e vitamina C. O rendimento do fruto foi mais elevado no extrato aquoso do que no extrato metanólico, mas o valor extrativo foi mais elevado na água do que no metanol. O fruto foi reportado com elementos, Mg, Al, Cr, Mn, Fe, Co, Cu, Zn, Cd e Pb por estudo ICP-MS e os alcalóides encontraram a sua área percentual máxima no cromatograma HPTLC a 254nm do que outros fitoquímicos.

BIBLIOGRAFIA

1. Richard T, Brown e Chapple LC, Anthocephalus alkaloids: cadamine and isocadamine, Tetrahedron letters, 19, 1976, 1629-1630.

2. Patel D e Kumar V, Estudos farmacognósticos da folha de *Neolamarckia cadamba* (Roxb.) Bosser, International Journal of Green Pharmacy, 2(1), 2008, 26-27

3. Kirtikar KR e Basu BD, Indian Medicinal Plants, 2ª edição, International Book Distributors, Dehradun, Índia, 1975.

4. Kapil A, Koul IB e Suri OP, Antihepatotoxic effects of chlorogenic acid from *Anthocephalus cadamba,* Phytotherapy Research, 9(3), 1995, 189-193.

5. Anónimo, The wealth of India, Raw materials, Direção de Publicação e Informação, CSIR, Nova Deli,1992, 305-308.

6. Gunasekharan R e Divyakant A, atividade anti-helmíntica do extrato alcoólico da folha de *Neolamarckia cadamba* (Roxb) Bosser, Indian Journal of Natural Products, 22(1), 2006, 11-13.

7. Patel D e Kumar V, Estudos farmacognósticos da folha de *Neolamarckia cadamba* (Roxb.) Bosser, International Journal of Green Pharmacy, 2(1), 2008, 26-27.

8. Mondal S, Dash GK, Acharyya A, Acharyya S e Sharma HP, Estudos sobre a atividade diurética e laxante dos extractos da casca de *Neolamarckia cadamba* (Roxb.) Bosser, Drug Invention Today, 1(1), 2009, 78-80.

9. Bussa SK e Pinnapareddy J, Antidiabetic activity of stem bark of *Neolamarckia cadamba* in alloxan induced diabetic rats, International Journal of Pharmacy and Technology, 2, 2010, 314-324.

10. Mondal S, Ramana H e Suresh P, atividade anti-helmíntica das cascas de *Neolamarckia cadamba*, Hygeia: Journal for Drugs and Medicines, 3 (2), 2011, 16 - 18.

11. Firoz A, Shahnaz R, Nasir A, Maraz H, Anup B, Sanjoy S, Hasanul B, Afsana K, Majeedul H, Chowdhury e Mohammed R, Avaliação dos extractos de folhas de *Neolamarckia cadamba* (Roxb.) Bosser na tolerância à glicose em ratos

hiperglicémicos induzidos por glicose, The African Journal of Traditional, Complementary and Alternative medicines, 8(1), 2011, 79-81.

12. Dubey A, Nayak S e Goupale DC, Uma revisão dos estudos fitoquímicos, farmacológicos e toxicológicos sobre *Neolamarckia cadamba,* Der Pharmacia Lettre, 3(1), 2011, 45-54

13. Kirtikar KR e Basu BD, Indian medicinal plants. Lalit Mohan Basu Publishers, Allahabad, 2, 1999, 1250-1252.

14. Prajapati ND, Purohit SS, Sharma AK e Kumar T, A handbook of medicinal plants: A complete source book. Agrobios (Índia) Publisher, Jodhpur, 2007, 52-53.

15. Nandkarni KM, Indian material medica, Bombay Popular Prakashan, Mumbai, 1, 2002.

1 6.Sahu NP, Mahto SB e Chakravarti RN, Cadambagenic acid. Um novo ácido triterpénico de *Anthocephalus cadamba* Miq, *Indian Journal of Pharmaceutical Sciences,* 12, 1974, 284-286.

17. Brown RT, Fraser SB e Banerji J. Heartwood of cadamba contain glucoalkaloids of isodihydrocadambien, Tetrahedron letters, 1974, 29, 33353338.

18. Richard T, Brown e Chapple LC, Anthocephalus alkaloids: cadamine and isocadamine, Tetrahedron letters, 19, 1976, 1629-1630.

19. Banerji N, New saponin from stem bark of *Anthocephalus cadamba* Miq, *Indian Journal of Chemistry* (Section *B),* 15, 1977, 654-655.

2 0.Sahu NP, Koike K, Jia Z, Achari B, Banerjee S e Nikido T, Structure of two novel triterpenoid saponins from *A. cadamba*, Magnetic Resonance in Chemistry, 37, 1999, 837-842

21. Chandra O e Gupta D, A complex polysaccharide from the seeds of *Anthocephalus indicus,* Carbohydrate Research, 1980, 83, 85-92.

22. Rajan S e Christy S, Experimental procedures in life sciences, Anjana Book House, Publishers and Distributors, Chennai, 2011.

23. Ugochukwu SC, Uche AI e Ifeanyi l O, Rastreio fitoquímico preliminar de

diferentes extractos de solventes da casca do caule e das raízes de *Dennetia tripetala* G. Baker, Asian Journal of Plant Science and Research, 3(3), 2013, 10-13.

2 4.Somolenski SJ, Silins H e Farnsworth NR, Alkaloid screening, Lloiydia, 35, 1972, 1-34.

25. Kapoor LD, Singh A, Kapoor, SL e Srinivastava SN, Survey of Indian plants for saponins, alkaloids and flavanoids, Lloydia, 32, 1969, 297-304.

26. Mojab F, Kamalinejad M, Ghaderi N e Validipour HR, Phytochemical screening of some species of Iranian plants, Iranian Journal of Pharmaceutical Research, 2, 2003, 77-82.

27. Trease GE e Evans WC, Pharmacognosy, 15th Edition, Londres, Saunders Publishers, 2002.

28. Khan FA, Hussain I, Farooq S, Ahmad M, Arif M e Rehman IU, Phytochemical screening of some Pakistanian medicinal plants, Middle East Journal of Scientific Research, 8(3), 2011, 575-578.

2 9.Sofowora A, Screening Plants for Bioactive Agents, Medicinal plants and traditional medicinal in Africa, 2nd edition, Sunshine House, Ibadan, Nigeria, Spectrum Books Ltd, 1993, 134-156.

3 0.Solihah, MA, Wan RWI e Nurhanan AR, Phytochemical screening and total phenolic content of Malaysian *Zea mays* hair extracts, *International Food Research Journal,* 19(4), 2012, 1533-1538.

31. Bele AA e Khale A, Standardization of herbal drugs: A review. Jornal Internacional de Farmácia, 2(12), 2011, 56-60.

32. Anónimo, Indian Pharmacopoeia, Phyotochemical methods - A guide to modern techniques of plant analysis, 3rd edition, Govt. of India, Ministry of Health, controller of publication, Delhi, India, Harborne JB, 1996, 3-31.

33. Hansen TH, de Bang TC, Laursen KH, Pedas P, Husted S e Schjoerring JK, Análise multielementar de tecidos vegetais utilizando espetrometria ICP, Methods in Molecular Biology, 953, 2013,121-141.

34. Ponnambalam H e Sellappan M, técnica ICP-MS para quantificação de potássio e sódio em extrato seco por pulverização de sumo de rebentos de bananeira *(Musa balbisiana)* responsável pela atividade anti-urolítica e diurética, International Journal of Mechanical Engineering and Computer Applications, 4(3), 2014, 170-174.

35. Devi BA, Sushma GS, Sharaish P, Harathi P, Devi RM e Subramanian NS, rastreio fitoquímico e análise de impressões digitais HPTLC de extractos de casca de *Ficus nervosa* Heyne Ex Roth, International Journal of Pharmacy and Life Sciences, 4(3), 2013, 2432-2436.

36. Chothani DL, Patel MB e Mishra SH, Perfil de impressão digital HPTLC e isolamento do composto marcador de *Ruellia tuberosa,* Chromatography Research International, 2012, 1-6.

37. Hariprasad, PS e Ramakrishnan N, Análise cromatográfica da impressão digital de *Rumex vesicarius* L. pela técnica HPTLC, Asian Pacific Journal of Tropical Biomedicine, 2(1), 2012, 57-63.

38. OMS, Quality Control Method for Medicinal Plant Material, Genebra, 1998, 1-15.

39. Bimal N e Sekhon BS, Cromatografia de camada fina de alto desempenho: Aplicação na ciência farmacêutica, Pharm Tech Medicine, 2(4), 2013, 323-333

40. Andola HC e Purohit VK, Cromatografia de Camada Fina de Alto Desempenho (HPTLC): Uma ferramenta analítica moderna para análise biológica, Nature and Science, 8(10), 2010, 1-4.

4 1.Shanbhag DA e Khandagale AN, Aplicação de HPTLC na padronização de uma tintura-mãe homeopática de *Syzygium jambolanum,* Journal of Chemical and Pharmaceutical Research, 3(1), 2011, 395-401.

42. Kamboj A e Saluja AK, perfil de impressão digital HPTLC de extractos de partes aéreas secas de *Ageratum conyzoides* L. em diferentes solventes, Asian Journal of Pharmaceutical Sciences , 6 (2), 2011, 82-88.

43. Hariprasad PS e Ramakrishnan N, Rastreio fitoquímico e avaliação

farmacognóstica de *Rumex vesicarius* L, International Journal of Pharm Tech Research, 3, 2011, 1078-1082.

44. Gunalan G, Saraswathy A e Vijayalakshmi K, HPTLC fingerprint profile of *Bauhinia variegata* Linn. leaves, Asian Pacific Journal of Tropical Disease, 2(1), 2012, 21-25.

45. Patil AG, Koli SP, Patil DA e Chandra N, Padronização farmacognóstica e impressão digital HPTLC das folhas de *Crataeva tapia* linn. ssp. Odora (Jacob.) Almeida, International Journal of Pharma and Bio Sciences, 1(2), 2010, 1-14.

46. Saraswathy A, Vidhya B e Amala K, Perfil comparativo de impressão digital HPTLC de *Illicium verum* Hook.f. e *Illicium griffithii* Hook.f. & Thoms frutas, Journal of Pharmacognosy and Phytochemistry, 1 (5), 2013, 96-105.

4 7.Suganthi A, Lakshmi SCH, Vinod S e Ravi TK, Desenvolvimento de um método RP-HPLC validado para bosentan na formulação e sua aplicação ao estudo de interação *in vitro* com aceclofenac, World Journal of Pharmaceutical Research, 3(2), 2014, 2897-2909.

48. Thennarasan S, Murugesan S1 e Subha TS, perfil de impressão digital HPTLC da alga castanha *Lobophora variegate,* Journal of Chemical and Pharmaceutical Research, 6(1), 2014, 674-677.

49. Wagner H, Baldt S e Zgainski EM, Plant Drug Analysis, Berlim, Springer, 1996.

50. Anónimo, Indian Pharmacopoeia, Phyotochemical methods - A guide to modern techniques of plant analysis, 3rd edition, Govt. of India, Ministry of Health, controller of publication, Delhi, India, Harborne JB, 1996, 3-31.

51. Shah BN e Seth AK, Pharmacognostic studies of the *Lagenaria siceraria* (Molina) standley, International Journal of Pharm Tech Research, 2(1), 2010, 121-124.

52. Kokate CK, Purohit AP e Gokhale SB, Pharmacognosy, 34.ª edição, Nirali Prakashan, Pune, Índia, 2006.

53. Joseph L, George M, Agrawal S e Kumar V, Estudos farmacognósticos e fitoquímicos sobre as folhas de *Jasminum grandiflorum, International Journal of*

Pharmaceutical Frontier Research, 1(2), 2011, 80-92.

54.   Ajazuddin e Saraf S, Avaliação das propriedades físico-químicas e fitoquímicas de Safoof-E-Sana, uma formulação poliherbal Unani, Pharmacognosy Research, 2(5), 2010, 318-322.

55.   Meena AK, Rao MM, Preet K, Padhi MM, Singh A e Babu R, Estudo comparativo das plantas da família Zingiberaceae utilizadas em medicamentos ayurvédicos, International Journal of Pharmaceutical and Clinical Research, 2(2), 2010, 58-60.

56.   Farmacopeia Africana, Métodos Gerais de Análise, Publicação da Comissão Científica, Técnica e de Investigação da Organização da Unidade Africana (OUA/STRC), 1ª edição, Lagos, 1986.

57.   Mulla SK e Swamy P, Avaliação farmacognóstica e fitoquímica preliminar de *Portula caquadrifida* Linn. Revista Internacional de Investigação em Tecnologia Farmacêutica, 2(3), 2010, 1699-1702.

58.   Tarachand, Bhandari A, Kumawat BK, Sharma A e Nagar N, Rastreio físico-químico e fitoquímico preliminar de vagens de *Prosopis cineraria* (L.) Druce, Pelagia Research Library, Der Pharmacia Sinica, 3 (3), 2012, 377-381.

59.   Trivedi PC, Medicinal plants, Traditional knowledge, IK International publishing house Pvt. Ltd, New Delhi, 2006.

60.   Tiwari P, Kumar B, Kaur M, Kaur G e Kaur H, Phytochemical screening and extraction: A Review, Internationale Pharmaceutica Sciencia, 1 (1), 2011 , 98-106.

61.   Ugochukwu SC, Uche AI e Ifeanyi 1 O, Rastreio fitoquímico preliminar de diferentes extractos de solventes da casca do caule e das raízes de *Dennetia tripetala* G. Baker, Asian Journal of Plant Science and Research, 3(3), 2013, 10-13.

62.   Hentschel C, Dressler S e Hahn EG, *Fumaria officinalis* (fumitória) - aplicações clínicas, Fortschritte der Medizin's, 113(19), 1995, 291-292.

63.   Brinkhaus B, Hentschel C e Scand J, Herbal medicine with curcuma and fumitory in the treatment of irritable bowel syndrome: a randomized, placebo-controlled, Double-blind clinical trial, Gastroenterology, 40, 2005, 936-43.

64. Nisar M, Kaleem WA, Qayum M, Marwat IK, Zia-ul-Haq M, Ali I e Choudhary MI, Biological screening of *Ziziyphus oxyphylla* Edgew stem, Pakistan Journal of Botany, 43(1), 2011, 311-317.

65. Lalitha P, Shubashini KS e Jayanthi P, Metabolitos secundários de *Eichhornia crassipes* (Mart.) Solms, Natural Product Communications, 7, 2012, 1249-1256.

66. Jagannath N, Chikkannasetty SS, Govindadas D e Devasankaraiah G, Estudo da atividade antiurolítica do *Asparagus racemosus* em ratos albinos, Indian Journal of Pharmacology, 44(5), 2012, 576-579.

67. Pattewar SV, *Kalanchoe pinnata:* Perfil fitoquímico e farmacológico, International Journal of Phytopharmacy, 2 (1), 2012, 1-8.

68. Grases F, March J, Ramis M e Costa BA, The influence of *Zea mays* on urinary risk factors for kidney stones in rats, Phytotherapy Research, 7, 1993, 146-149.

69. Ali NA, Juelich WD, Kusnick C e Lindequist U, Screening of Yemeni medicinal plants for antibacterial and cytotoxic activities, Journal of Ethnopharmacology, 74, 2001, 173-179.

70. Mayee R e Thosar A, Avaliação de *Lantana camara* Linn. (Verbenaceae) para actividades antiurolíticas e antioxidantes em ratos, International Journal of Pharmaceutical and Clinical Research, 3(1), 2011, 10-14.

7 1.Sailaja B, Bharathi K e KVSRG Prasad, Efeito protetor do *Tridax procumbens* na urolitíase de oxalato de cálcio e no stress oxidativo, Revista Internacional de Avanços em Ciências Farmacêuticas, 2 (1), 2011, 9-14.

72. Brian FH, Bigger TJ e Goodman G, The pharmacological basis of therapeutics, 7ª edição, Macmillan Publishing Company, Nova Iorque, 1985.

73. Clark TE, Appleton CC e Drewe SE, A semi-quantitative approach to the selection of appropriate candidate plant molluscicides, a South African application, Journal of Ethnopharmacology, 56, 1997, 1-13

74. Reddy RS, Reddy NCG, Reddy RRS, Reddy GS, Rao PS. Sambasiva, Reddy BJ, e Frost RL, Characterization of *Phyllanthus amarus* herb by inductively coupled

plasma mass spectrometric (ICP-MS) analysis, optical absorption and electron paramagnetic resonance (EPR) spectroscopic methods, Radiation, Effects and Defects in Solids, 161(11), 2006, 671-679.

75. Pednekar PA e Raman B, Determinação multielementar em extrato de folha de soxhlet de metanol de *Semecarpus anacardium* pela técnica ICP-AES, Asian Journal of Pharmaceutical and Clinical Research, 6(3), 2013, 132-137.

76. Khan SA, Khan L, Hussain I, Marwat KB e Akhtar N, Profile of heavy metals in selected medicinal plants, Pakistan Journal of Weed Science Research, 14(1-2), 2008, 101-110,

77. Maobe MAG, Gatebe E, Gitu L e Rotich H, Perfil de metais pesados em plantas medicinais seleccionadas utilizadas para o tratamento da diabetes, malária e pneumonia na região de Kisii, sudoeste do Quénia, Global Journal of Pharmacology, 6 (3), 2012, 245-251.

78.Omokehide A, Lajide L, Hammed O e Babatunde O, avaliação de oligoelementos e minerais principais em *Fluerya Aestuans* Linn. (Urticaceae), International Journal of Pharma Sciences, 3(5), 2013, 328-332.

79. Gupta J e Gupta A, Estudos de metais vestigiais nas folhas de *Phyllanthus emblica* (L), Oriental Journal of Chemistry, 29(4), 2013, 1547-1551.

80. Mtunzi F, Muleya E, Modise J, Sipamla A e Dikio E, Heavy Metals Content of Some Medicinal Plants from Kwazulu-Natal, South Africa, Pakistan Journal of Nutrition, 11 (9), 2012, 757-761.

81. Raouf ALM, Hammud KK e Zamil SK, Macro e metais vestigiais em três ervas medicinais recolhidas no mercado de Bagdade, Iraque, International Journal of Pharma Sciences and Research, 5(11), 2014, 799-802.

82. Hariprasad, PS e Ramakrishnan N, Análise cromatográfica da impressão digital de *Rumex vesicarius* L. pela técnica HPTLC, Asian Pacific Journal of Tropical Biomedicine, 2(1), 2012, 57-63.

83. Hellmann JK, Munter S, Wink M e Frischknecht F, Synergistic and additive

effects of epigallocatechin gallate and digitonin on *Plasmodium sporozoite* survival and motility, Public Library of Science, 5, 2010, 8682.

84. Dharani B, Sumathi S e Sivaprabha J, Potencial antioxidante in vitro das folhas de *Prosopis cineraria*, Journal of Natural Product Resource, 1, 2011, 2632.

85. Sunil KKN, Saraswathy A e Amerjothy S, HPTLC fingerprinting de extractos de visco de manga *Helicanthus elastic* (Desr.) Danser com múltiplos marcadores, Journal of Scientific and Innovative Research, 2 (5), 2013, 864871.

86. Kaushik S, Sharma P, Jain A, Mukesh S e Sikarwar, Preliminary phytochemical screening and HPTLC fingerprinting of *Nicotiana tabacum* leaf, Journal of Pharmacy Research, 3(5), 2010, 1144-1145.

87. Bhat JU, Nizami Q, Parray S, Aslam M, Fahamiya N, Siddiqui A, Mujeeb M, Khanam R, Khan M e Amir M, Avaliação farmacognóstica e fitoquímica de *Melissa parviflora* e impressão digital HPTLC dos seus extractos, Journal of Natural Product and Plant Resource, 2 (1), 2012, 198-208.

88. Kamboj A e Saluja AK, perfil de impressão digital HPTLC de extractos de partes aéreas secas de Ageratum conyzoides L. em diferentes solventes, Asian Journal of Pharmaceutical Sciences , 6 (2), 2011, 82-88.

89. Erdemoglu N, Sozkanm S e Tosun F, Alkaloid profile and antimicrobial activity of *Lupinus angustifolius* L. alkaloid extract, Phytochemistry Reviews, 6(1), 2007, 197-201.

9 0.Sathish R, Natarajan K e Mukesh MN, Effect of *Hygrophila spinosa* T. Anders on ethylene glycol induced urolithiasis in rats, Asian Journal of Pharmaceutical and clinical research, 3, 2010, 61-63.

91. Rao MT, Rao BG e Rao VY, atividade antioxidante dos extractos de *Spilanthes acmella*, International Journal of Phytopharmacology, 3(2), 2012, 216-220.

92. Maya S e Pramod C, Avaliação da atividade anti nefrolítica do extrato etanólico de folhas de *Morus alba* L. em modelos animais, International Research Journal of Pharmacy, 5(5), 2014, 427-433.

93. Roberts MF, Alkaloids: Biochemistry, Ecology and Medicinal Application, editado por Roberts e Wink, Plenum Press, Nova Iorque, 1998.

94. Shihabudeen MS, Priscilla HD e Kavitha T, Antimicrobial activity and phytochemical analysis of selected Indian folk medicinal plants, International Journal of Pharma Sciences and Research, 1(10), 2010, 430434.

95. Koduru S, Jimoh FO, Grierson DS e Afolayan AJ, Antioxidant activity of two steroid alkaloids extracted from *Solanum aculeastrum*, Journal of Pharmacology and Toxicology, 2(2), 2007, 160-167.

96. Mandal P, Babu SSP e Mandal NC, Atividade antimicrobiana de saponinas de *Acacia auriculiformis*, Fitoterepia, 76(5), 2005, 462-465.

97. Gulcin I, Oktay M, Kufrevioglu IO e Aslan A, Determinação da atividade antioxidante do líquen *Cetraria islandica* (L.) Ach, Journal of Ethnopharmacology, 79, 2004, 325-329.

98. Krishna RPS, Lavanya B, Sireesha P, Nagarjuna S e Reddy YP, Estudo comparativo de *Acacia nilotica* e *Acacia sinuata* para a atividade diurética, Der Pharmacia Sinica, 2 (6), 2011,17-22.

99. Inalegwu B e Sodipo OA, rastreio fitoquímico e actividades hemolíticas de saponinas brutas e purificadas de extractos aquosos e metanólicos de folhas de *Tephrosia vogelii* Hook. F, Asian Journal of Plant Science and Research, 3(5), 2013, 7-11.

100. Just MJ, Recio MC, Giner RM, Cueller MU, Manez S, Billia AR e Rios JL, Anti inflammatory activity of unusual lupine saponins from *Bupleurum fruticescens*, Planta Medica, 64, 1998, 404-407.

101. Gomathi D, Ravikumar G, Kalaiselvi M, Vidya B e Uma C, análise de impressão digital HPTLC de *Evolvulus alsinoides* (L.), Journal of Acute Medicine, 2, 2012, 77-82.

yes

I want morebooks!

Buy your books fast and straightforward online - at one of world's fastest growing online book stores! Environmentally sound due to Print-on-Demand technologies.

Buy your books online at
www.morebooks.shop

Compre os seus livros mais rápido e diretamente na internet, em uma das livrarias on-line com o maior crescimento no mundo! Produção que protege o meio ambiente através das tecnologias de impressão sob demanda.

Compre os seus livros on-line em
www.morebooks.shop

info@omniscriptum.com
www.omniscriptum.com

Printed by Books on Demand GmbH, Norderstedt / Germany